湖南省自然科学基金资助项目（2019JJ40056）
湖南省教育厅资助科研重点项目（18A345）
湖南省应用特色学科建设项目
湖南省工程研究中心建设项目

王军 罗章 著

受锚岩土的力学特性与时效承载稳定性分析

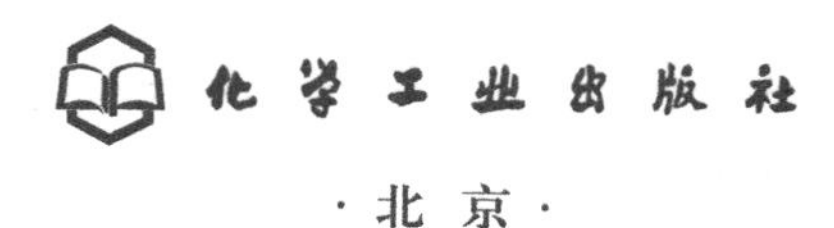

·北京·

内容提要

本书以受锚岩土结构的蠕变特性、荷载分布与内力计算、稳定性理论为基础，对复杂地质、自然和工程环境条件下受挡岩土体的蠕变断裂力学特性和锚固结构的时效承载稳定性进行了综合研究。本书主要内容包括：土锚结构的荷载分布、承载体系、串联失效模式、蠕变损伤模型、位移损伤及损伤传递、土体蠕变及内摩擦特性对锚固承载力的影响、动力响应和土水化学影响因素对锚固承载能力的影响，最后探讨了深梁计算理论用于锚索桩挡土结构的内力计算和岩体对称裂纹分布特征及应力强度因子的解析。

本书适合于岩土、交通土建、水利、隧道及相关领域的科研人员与工程技术人员使用，也可以作为高等院校相关专业的研究生与教师的教学参考书。

图书在版编目（CIP）数据

受锚岩土的力学特性与时效承载稳定性分析/王军，罗章著. —北京：化学工业出版社，2020.7

ISBN 978-7-122-36758-7

Ⅰ. ①受… Ⅱ. ①王…②罗… Ⅲ. ①岩土工程-锚固-研究 Ⅳ. ①TU753.8

中国版本图书馆 CIP 数据核字（2020）第 078013 号

责任编辑：彭明兰　　装帧设计：史利平

责任校对：盛　琦

出版发行：化学工业出版社（北京市东城区青年湖南街 13 号　邮政编码 100011）

印　　装：北京虎彩文化传播有限公司

710mm×1000mm　1/16　印张 9¼　字数 170 千字　2020 年 9 月北京第 1 版第 1 次印刷

购书咨询：010-64518888　　售后服务：010-64518899

网　　址：http://www.cip.com.cn

凡购买本书，如有缺损质量问题，本社销售中心负责调换。

定　　价：78.00 元

前言

锚固结构是岩土工程加固与灾害治理的重要措施之一，主要起到抵抗岩土体的变形、改善受力条件、充分发挥岩土体的自承载特性的作用。土锚挡土主要有锚杆挡土墙、框架锚杆、锚索桩、锚杆桩基托梁等结构型式，是由锚固结构与围岩土体协同工作形成的一种复杂构筑物。岩土锚固一般为永久性结构，是一个复杂的结构体系，长期赋存于复杂的地质和自然环境中，其稳定性影响因素复杂多变，控制难度大，特别降雨渗流、水化学腐蚀、突发水和地震效应等因素极易诱发锚固承载力的降低、位移增大和预应力损失等工程事故，引起了地质灾害领域的高度关注。蠕变损伤是岩土材料重要的固有力学属性之一，土体作为一种颗粒材料，在外载荷作用下孔隙结构很容易改变，使得物理力学参数和强度不断变化，对锚固结构的承载产生重要影响。在以往的岩土锚固工程中，不乏由于在不同环境因素下对岩土蠕变损伤断裂特性研究的不够，导致工期延误、工程锚固失效的案例。

本书着重分析土锚结构的荷载条件、承载特征与结构分区、土体蠕变和内摩擦属性对土锚承载能力的影响，土水化学腐蚀等地质、自然环境因素对土锚承载能力与时效稳定性的影响以及深梁法用于抗滑桩的内力计算和受挡岩体的应力强度因子解析等理论与应用，通过算例核验了解析式的有效性，同时也提出了位移损伤、锚固承载区等概念，将地震波长与锚固长度相联系，建立了动态锚固力的测定与跟踪方法等相关知识，丰富了传统土锚结构的内力计算与锚固参数设计理论，为现代岩土加固技术提供了参考依据，具有一定的学术和工程价值。

本书涉及土锚挡土结构的破坏机理、承载力计算、锚固参数设计与监测的理论研究与实验和数值算例验证。全书共分 8 章，内容包括绪论、土锚挡土结构承载体系与多失效模式、土体蠕变对土锚结构的力学特性与时效可靠度、土体内摩擦特性对锚固承载的影响、动力响应对锚固承载的影响、土水化学腐蚀对锚固承载的影响、受挡岩体的断裂蠕变特性分析、深梁法应用于锚索桩的内力计算。

本书内容是著者近几年关于土质边坡加固与时效稳定性分析的相关研究成果，得到了湖南省自然科学基金资助项目（2019JJ40056）、湖南省教育厅资助科研重点项目（18A345）、湖南省应用特色学科建设项目、湖南省工程研究中心建设项目：病险工程结构灾变与加固等项目的资助。感谢中南大学曹平教授，湖南工程学院陈金陵教授、曾宪桃教授、李小华教授、刘杰博士、梁桥博士、段建博士，湖南科技大学赵延林教授及同事们的帮助，在此，著者深表谢意。

由于著者水平有限，书中难免存在疏漏、不妥之处，敬请读者批评指正。

著者

2020 年 2 月

目　录

第1章　绪论　1

第2章　土锚挡土结构承载体系与多失效模式　13

第1章

绪论

1.1 土锚挡土结构研究的意义

1.1.1 工程意义

岩土体广泛存在于地表浅层，涉及建筑基坑、地下隧洞、露采矿山、重载交通路基、多级库坝等大规模岩土工程。岩土体是一种多相、颗粒松散的结构摩擦性材料，也是一种天然的建筑材料，受地质构造、地应力、降雨、开挖等内外因素影响异常活跃，这些影响因素常常促使出现岩土材料宏细观结构调整、应力释放、强度弱化等现象，极易诱发地质灾害而造成重大的人员伤亡与财产损失。岩土材料不同于金属钢材、塑料等人工材料，它是一种特殊的变形地质体，在高水量、高水压、高流量（“三高”突发水要素）[图 1-1(a)、(b)]、地震动 [图 1-1(c)]、土水化学腐蚀 [图 1-1(d)] 等复杂的自然与地质环境中，易产生大变形，导致出现洪水毁坡、锚固隧洞的垮塌、受锚基坑坑壁的坍塌、边坡锚固的深层滑动等受锚岩土工程事故的频频发生。同时，岩土工程稳定状态的实时预测预报技术又落后于理论设计，成为岩土工程建设的拦路石，因此，研究土锚挡土结构的承载特性与时效稳定具有重要的工程意义和社会价值。

1.1.2 科学意义

岩土材料具有非均质、非连续、各向异性等物理力学特性，因地壳运动、风化、潜蚀等作用，岩土结构在宏观上具有断层、节理、孔洞，在细观上具有裂隙、孔隙等普遍存在的缺陷，其缺陷在岩土体中又呈现随机分布，且地区差异性还很大，决定了岩土结构物理力学参数指标及工程结构稳定具有不确定性。同时岩土工程大都属于永久性构筑物，在外载荷长久作用下，该类缺陷容易成核、贯通，使岩

(a) 降雨土体失稳(一)

(b) 降雨土体失稳(二)

(c) 地震效应岩土体失稳

(d) 土水化学腐蚀土体失稳

图 1-1　岩土体的失稳破坏

土体的位移不断变化，导致岩土体蠕变损伤。众所周知，蠕变特性是岩土体固有的力学属性之一，加上受锚岩土结构常常处于复杂的应力和应变不可恢复的塑性状态，由此蠕变变形对岩土结构的力学特性、强度特征、破坏模式均会产生重要的影响（见图 1-2）[1,2]。工程上，一旦忽略了上述因素对岩土结构稳定性的影响，就会对受锚岩土结构的稳定状态做出误判，尤其对锚杆挡土墙类、锚索桩等锚固支挡的岩土体，因土体-支挡结构自身随机存在的宏细观缺陷、地下水荷载、土体抗剪强度指标和自承载能力的不确定性，对受锚岩土结构稳定性研究的不深入、不全面，加上在突发水、地震动、土水化学腐蚀等复杂的自然、地质环境条件下，受锚岩土材料的物理力学参数的稳定性、岩土-结构的承载分区、多重荷载分布及抗剪强度、串并联多失效模式、蠕变损伤本构方程、界面滑移脱黏特征、蠕变损伤可靠度指标及其实时稳定性追踪和汇交裂纹应力强度因子的解析解等诸多问题尚未解决，因此，研究土锚挡土结构的承载特性与时效稳定对现代岩土力学与加固技术的发展具有科学意义。

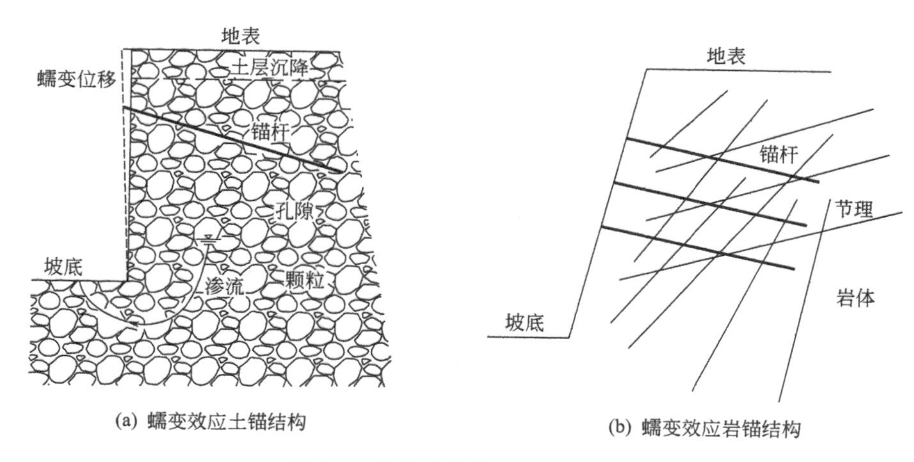

(a) 蠕变效应土锚结构

(b) 蠕变效应岩锚结构

图 1-2 锚固结构的岩土赋存环境

1.2 土锚挡土结构的研究现状

受锚岩土结构是由锚固结构与围岩土体协同工作形成的一种复杂构筑物，主要抵抗岩土体的变形，改善受力条件，使岩土结构达到稳定。受锚岩土结构的主要形式有锚杆挡土墙、框架锚杆、锚索桩、锚杆桩基托梁等，该结构能主动加固土体，限制土体变形，有利于发挥土体的抗剪强度和内摩擦承载特性等优点，已在山区交通路基［图 1-3(a)、(b)］、建筑基坑与地下结构［图 1-3(c)］和硐室巷道等工程加固中得到了广泛应用。

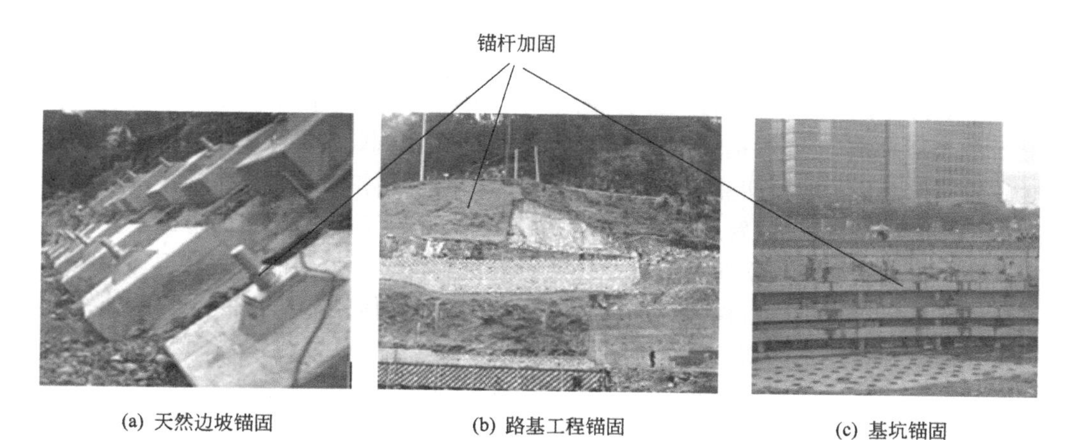

(a) 天然边坡锚固

(b) 路基工程锚固

(c) 基坑锚固

图 1-3 工程锚固

1.2.1 土锚结构蠕变损伤承载特性研究

蠕变损伤是土锚材料重要的力学特性之一，与土锚结构承载力和参数设计密切相关。在外界荷载的长期作用下，土锚结构容易产生蠕动、稳定速率和加速变形。变形过程中，土体的变形较钢筋杆体、砂浆锚固体的变形要明显，于是土锚结构蠕变损伤研究的重点在于周围土层的时效变形特征。目前，在研究过程中，通常假定土锚结构的材料是均质、连续、各向同性，且在锚固服役期内材料的物理力学参数是定常的，不考虑土体蠕变效应锚土界面相对位移特征和加速蠕变损伤固有属性对锚固参数和界面脱黏位移的影响。然而，蠕变损伤效应对土锚结构损伤传递的时效特性、脱黏段相对位移特征和加速蠕变变形等方面的研究成果甚少，重视还不够[3]。然而，岩土锚固一般为永久性结构，且长期赋存于复杂的自然和地质环境中，降雨渗流、化学腐蚀、应力状态调整等因素势必导致岩土抗剪指标弱化、锚固承载力降低、位移增大和预应力损失等不利影响，诱发锚固工程失稳破坏。因此，研究岩土锚固结构的时效稳定性势在必行。

土体材料是一种多孔隙、非均质、不抗拉的多相颗粒材料，在外载荷作用下孔隙结构很容易改变，进而土体的物理力学参数不断变化，同时土体的弹性模量、抗剪强度和黏性参数通常还会随时间的增长而降低，产生不可恢复的蠕变损伤特征。当今，蠕变损伤对锚固结构影响的研究成果主要在岩锚方面，而对于土锚结构承载特性、损伤机理的研究成果不多。在岩锚结构的研究成果中，岩体损伤对锚杆承载特性研究成果又大多是基于岩体的剪切模量、弹性模量、微元体的破坏概率、应力状态等力学性质的劣化诱发的结构破坏。譬如，康亚明等[4]，从岩锚材料的细观角度出发，用瞬时应力与极限应力的比值定义临界损伤度来界定材料发生纯脆性断裂破坏和纯延性断裂破坏。袁小清[5]、张慧梅[6]、曹文贵[7]、杨圣齐[8]等遵循微元强度服从双参数的韦布尔分布，定义了统计损伤变量，建立了岩石统计损伤演化方程和本构方程，通过三轴压缩试验的全程应力应变曲线验证了推导的有效性。何思明[9]、邹金锋等[10]根据锚固体与岩层界面处剪切荷载作用，取与岩体剪切模量对应的损伤变量，通过胡克定律求解得到锚固段的位移和侧阻力分布计算式。袁小平等[11]考虑岩石微裂隙发展导致体积膨胀原理，提出了损伤变量是体积应变的指数函数，得到了时效损伤演化方程，还通过算例验证了所得到的弹塑性损伤模型更符合岩锚材料蠕变损伤特性。赵同彬等[12]根据深部岩体蠕变应力和应变的非线性关系，通过弹性模量的变化定义损伤变量，运用 FLAC3D 分析了锚固巷道破坏区分布特征。同时，研究成果对锚固结构剪切优势面的相对位移特征、时效损伤及损伤传递等研究成果也不多见，尤其蠕变损伤对土锚结构的承载特性、界面相对位移滑移特征、预应力补偿及动态锚固力追踪等研究成果更不多见，既有的研究成果仅仅体现在拉拔力损失和稳态蠕变变形方面，而对于加速蠕变、时效损伤、损伤传递等方面的研究成果更加匮乏。譬如，徐宏发等[13]根据拉拔力-位移等时曲线，引入变形损伤和时间损伤概念，得到了长期蠕变损伤变量的计算式。王清标等[14]分析锚固力损失与土体蠕变的耦合效应关系，建立了基于应变相等的耦合效应计算模型和锚固力变化与土体蠕变的关系计算式。上述研究成果定义的土体损伤变量和损伤演化方程都是基于土体的各向同性弹性损伤特性，未考虑锚固失效时塑性加速变形和锚固体脱黏位移对损伤的影响，且损伤传递特征等诸多问题尚未解决，加上该方面的理论研究又滞后于土锚工程实践，因此，综合系统地对土锚结构蠕变损伤的力学特性与时效承载稳定性的研究具有挑战性。

1.2.2 土锚结构的稳定可靠性研究

根据土锚结构的工程特征，土锚结构的研究重点在土锚结构的承载能力和工程稳定方面。目前，受锚支挡结构分析主要包括荷载计算、锚固结构的承载力和稳定性评价。支挡结构的研究主要遵循：首先对受挡土体进行土压力计算，根据库仑土压力（1773 年)、朗肯土压力（1857 年）的理想岩土-结构的边界条件、初始条件得到不同荷载分布的土压力；再根据支挡结构的抗剪、抗弯、抗压承载力及地基承载力进行验算；最后获得支挡结构-岩土体的整体稳定系数，判断支挡结构是否发生滑移、倾覆、断裂、锚固脱黏等破坏。特别是 20 世纪 40 年代末至 70 年代初，预应力锚固技术成功应用于边坡、基坑、坝基、地下工程等岩土加固，产生了显著的经济效益，奠定了现代岩土加固技术的发展[15]。

当前，土锚结构承载稳定性的研究议题主要集中于荷载传递、位移与应力分布、锚固承载力、工艺参数等方面，已取得了许多研究成果[16]。20 世纪 70 年代，Evangelista 等[17]通过黏性土锚固试验，测得了锚土界面剪应力单驼峰的非均匀分布特征和荷载传递机理。Kahyaoglu 等[18]分析了土层锚杆荷载传递的非线性特征，将其研究成果应用于锚桩加固边坡工程，效果明显。Farmer 等[19]通过岩石锚固试验，调整注浆参数，总结了界面剪应力沿锚固段的分布规律，建立了锚固长度计算式。尤春安等[20]通过界面层变形破坏过程分析，结合静力平衡条件，提出了界面层弹性状态下剪应力的分布特征及界面层脱黏后拉拔荷载的计算式。张季如等[21]根据锚固体与锚固层界面上剪切位移沿锚固段轴向梯度的变化特征，结合静力平衡条件，得到了该界面的剪切位移、锚固体的弹性变形和表面摩阻力的解析式，建立了荷载传递的双曲线函数模型。何思明等[22]阐述剪应力与剪切位移的线性关系，结合微元体轴向力的平衡条件，建立锚束体轴向力和锚束体与围岩体界面剪应力的解析式，还推导了脱黏段长度的解析式等有用成果。叶观宝等[23]基于锚索锚固规程，对压力分散型锚索结构注浆体与土层界面摩擦力分布特征进行了大量现场试验，总结了轴力沿长度方向呈负指数曲线变化，为优化锚索结构设计提供依据。由于土锚结构承载能力的研究成果理论性强、参数多，涉及专业知识广泛，不易被工程技术人员掌握，因此在锚固工程设计和施工实践中仍然还采用经验法或半经验法。

锚固失效常常发生在杆体与砂浆，砂浆与围岩土体界面和砂浆锚固体的剪切破坏，而大量工程实例表明砂浆与围岩土体的界面破坏是最主要的破坏形式，普遍认为杆体在轴力作用下通过荷载传递，在其界面产生剪切力，当剪切力超过其抗剪强度时，便呈现剪切破坏[24,25]。在受锚支挡结构的失效模式与可靠度方面，国内外做了许多研究工作。其中澳大利亚学者 Windsor[26] 依据地下隧道锚固结构的组成，通过锚固材料的应力-位移非线性关系获得了多因素失效加锚节理岩体的串并联可靠性分析模型，还提出了基于余力量的可靠度评价函数式，研究结论对于围岩较好的岩层锚固是适用的，但是没有考虑加速位移对岩锚失稳的可靠度影响，这对于软弱锚固围岩的可靠性值得商榷。Phoon K K 等[27] 通过对多个受锚岩土工程的可靠度分析，得到了锚固参数统计特征值的分布范围及概率密度分布特征，揭示了极值Ⅰ型分布、正态分布、对数正态分布和均匀分布应用于锚固结构可靠性的差异性，总结了极值分布更适用锚固结构的应用，进而得到静态统计参数下可靠指标的有用结果。张耀华等[28] 通过理论推导极限状态下结构功能函数随机过程表达式，建立了结构抗力衰减模型，揭示了抗力随时间降低，而方差随时间增大的一般规律。Duzgun 等[29] 研究得到岩质边坡更符合平面破坏多失效模式，建议岩锚结构可靠度的设计方法要进行串并联分析。以上成果没有对锚固结构时效可靠度进行研究，尤其是针对锚固结构中岩土体的时变强度对稳定可靠度的重要影响更是没有考虑，致使理论落后于工程实际。上述研究仅仅考虑了岩土体固有的蠕变力学属性对锚固结构和岩土介质物理力学参数的影响，对受锚结构时效稳定失稳的预测预报研究都是基于锚土界面、杆体与锚固体界面剪切强度不足而诱发的工程事故。可是，关于复杂地质、自然环境中，“三高”突发水要素、地震动、土水化学腐蚀对受锚岩土材料的物理力学参数的稳定性、岩土-结构的承载分区、多重荷载分布及抗剪强度、串并联多失效模式、蠕变损伤本构方程、界面滑移脱黏特征、蠕变损伤可靠度指标及其实时稳定性追踪等综合性的研究成果甚少，同时关于锚固结构时效可靠度分析的研究成果还鲜见报道。

锚固结构可靠指标是评价锚固效果可靠性的定量评价标准。目前，在求解过程中，首先根据破坏机理和失效模式确定基本随机变量，再对其变量选择适应的概率密度函数及其分布函数，最后通过计算锚固结构的失效概率得到锚固效果的可靠指标。由于求解概率积分的困难性，通常多采用近似方法获得可靠指标。求解可靠指标的主要解析方法有一次可靠度方法（FORM）、二次可靠度方法（SORM）、Monte Carlo 法（MCS）、统计矩法（Rosenblueth）、随机有限元法、响应面法（RSM）和优化算法等[30-32]，其中一次可靠性方法的功能函数容易确定、计算参数少、方程求解简单，于是得到了普遍的应用，但是锚固材料的物理力学参数区域差异性大，受环境影响又很显著，因此其概率分布难以具体指定，而 JC 法能够考虑锚固随机变量分布未知的情况，即使在模拟次数不够的条件下，其计算精度仍能满足要求，是锚固结构可靠指标计算的重要方法。

1.2.3 土拱效应对土-桩挡土结构承载特性的研究

抗滑桩是一种承受水平荷载的混凝土结构物，20 世纪 40 年代开始应用于矿山与交通边坡的滑坡治理、深基坑支护、硐室帮壁稳定等岩土支挡工程的加固，20 世纪 70 年代以后，国内外学者对工程桩的抗滑机理、破坏模式、内力计算方法和测试技术进行了系统的分析，使得抗滑桩的理论研究和工程应用更精确和完善[33]。但是，近年在高速铁路、地下轨道、城市道路、深大基坑等大规模建设工程中，因桩体内力计算模型选取不合理，设计参数凭经验，而出现的高陡边坡抗滑桩失稳事故屡见不鲜，这对工程建设的顺利开展和理论研究提出了严峻的挑战。

研究表明：土拱效应在地下硐室、抗滑桩与挡土墙加固、路堤填筑等工程中广泛存在，其中桩土结构的成拱原因，普遍认为是因为抗滑桩加固土体发生不均匀变形后引起应力转移和重分布所致，在平面应变条件下，土拱形态呈单向受压的合理抛物线拱形，通常在土拱横截面静力平衡分析中，不考虑其弯矩和剪力，这已成为学界和工程实践中不争的事实，并在该方面的研究取得了众多科研成果。实际上，桩间土体的力学条件非常复杂，除了桩后土体的推力，还有迎荷面的支持力、桩侧摩阻力、土拱支撑力以及摩擦性土体的抗剪强度和锚索拉力等，加上抗滑桩加固边坡属永久性工程，土体与加固结构的变形和应力随时间又不断变化，进而抗滑稳定性受到影响。目前，研究土拱效应大都是考虑桩间土拱的外载条件对抛物线拱形和土拱应力的影响。事实上，土体是一种摩擦黏结性颗粒材料，其本身固有的力学属性对其土拱位移、拱形和应力分布有着重要的影响，然而在理论研究和工程设计中为便于简化分析往往将其固有属性忽略，致使桩间距取值不符合工程实际。因此在桩锚设计中，变形和应力的时变特性不可忽略。

目前，抗滑桩的研究重点是桩位布置、桩结构的几何设计、内力计算和参数优化设计等，其中桩结构的几何设计是借鉴工程经验和设计规范取值，而内力计算却大都是基于理想状态下的各种假定，拟用初等梁杆模型理论，结合力学平衡条件得到。在抗滑桩结构设计方法中，主要有荷载-结构法、Poulos 法（1973）、Ito Tomio 法（1975）和 Viggani 法（1981）四种解析方法，并通过理论解析获得下滑力、抗滑力、稳定系数、剪力、弯矩和位移等力学参量。大量实例证明，工程抗滑桩大都是因为滑动面以上受荷段的变形过大或强度不够而诱发桩体的失稳破坏，为了便于研究，大都将桩体简化为悬臂梁和弹性地基梁的理想模型来对抗滑桩的传力模式、抗滑机制和内力进行计算与研究，通常在计算过程中视桩体横截面的应变符合平截面假定，再通过材料力学知识，运用初等浅梁弯曲理论进行弯矩、剪力、位移等内力的计算，这已取得了大量的研究成果[34,35]。譬如，戴自航等[36]假定桩体受荷段为弹性定向铰支悬臂浅梁，通过以地面为原点的统一坐标系，运用滑动面上下位移叠加原理得到了滑动面到转点的距离和滑动面位置处桩身的转角，进而再通过 m 法的差分格式得到了弯矩、剪力和土体的抗力，所得研究成果提高了抗滑桩受荷段内力计算的效率和精度，完善了差分法在锚固段内力计算中的应用。尹静等[37]基于浅梁桩变形特征，从桩锚体的变形协调条件出发，通过桩单元的传递矩阵和锚索力的点矩阵获得了锚索桩的内力和位移解析式，此解析式还能适应变参数的锚索桩设计，研究成果拓宽了传递矩阵和点矩阵方法在抗滑桩的应用，是抗滑桩内力计算方法的有益补充。Kourkoulis R 等[38]针对前后双排桩的位移组成特点，运用多边形分布荷载的初等梁变形计算方法，通过桩周赋存土体的位移比确定了滑坡推力和坡体压力的分担，再将阻滑段假定为超静定框架结构，运用结构力学方法进一步获得了阻滑段的内力解析式，研究成果使得桩体锚固段的内力计算结果更加精确，并发展了双排桩在复杂土层环境中的应用。Matsi T 等[39]在现场对抗滑桩的变形、剪力和弯矩进行了大量的测试，根据测试结果和理论推导对抗滑桩的设计参数进行了优化，尤其对刚性桩的计算方法进行了总结，研究成果证实了初等梁计算方法在刚性桩工程应用中的适用性，并推动了现场测试技术在桩体内力参数中的深层次应用。Won 等[40]通过分析极限平衡法和有限差分法在均质土坡应用中的差异性结果，从弹性浅梁单元的数值模拟出发，针对抗滑桩的布置方案和桩长对抗滑稳定性的影响，揭示其影响因素对抗滑桩的变位、内力分布特征、边坡临界滑移面的力学规律，这为抗滑桩设计参数的合理取值提供了宝贵的经验。上述研究成果只考虑了桩体受荷段的推力和岩土体抗力对抗滑桩承载性能的影响，普遍认为桩体在变形过程中其横截面的变形呈均匀分布，仍以原对称轴对称，桩体符合横力弯曲变形，且未考虑桩侧和桩体受荷面的摩擦力分布、桩体自重、横截面上剪切变形及桩体变形的非线性特征等因素对桩体变位和内力的影响。然而，大量测试结果表明，桩体横截面的变形并非均匀，且内力分布不但受抗弯刚度、地基系数、变形等参量的影响，还要受桩土材料的缺陷分布、蠕变特性、剪切刚度、容重、截面形状、桩侧和受荷面的摩擦力集度、滑动面位置和推力分布特征等多重因素的影响，因此，简单地运用平截面假定所获得的计算结果不够精确。

1.3 复杂环境对土锚结构的承载影响

1.3.1 土水化学腐蚀对土锚结构的承载影响

近年来，诸多学者在锚固结构的构造型式、传力机制、锚固力损失、施工工艺和试验设备与方法等方面做了大量的研究，为锚固工程增稳，遏制失效尚未解决的诸多问题提供思路。在国家基础建设中，已建成了不同规模的永久性锚固工程，深、长、大吨位的锚杆（索）长期赋存于复杂的地质环境中，其中地下水化学溶液对锚固结构已产生不同程度的腐蚀作用，导致杆体、砂浆和围岩土体的结构构造、力学状态和强度受到严重影响[41]。目前，关于化学腐蚀对岩土锚固的影响主要集中在岩土的矿物成分、结构构造及孔隙裂隙变化和强度损伤等方面，且大都是瞬时效应的研究，而对化学腐蚀下杆体、砂浆和围岩土体结构的变形、应力和强度的耦合效应及其跟踪预测时变特征的研究成果甚少，且现有的少量成果也脱离了工程实际，假设太多，仍存有许多问题值得商榷[42]。

前人的研究成果紧紧围绕化学腐蚀对土体强度时效变形的影响，而在蠕变研究中通常将锚杆、砂浆、土体分别拟为独立的蠕变体，蠕变计算时往往假定蠕变力是恒定不变的。当前，关于化学腐蚀对岩土结构影响的研究主要有：崔强等[43]运用SEM电镜扫描和X衍射，从试验角度对砂岩矿物含量在不同pH值溶液中的变化特征进行了动力学控制方程和孔隙率变化方程的理论推导，得到了砂岩孔隙结构随时间的变化特征；陈四利等[44]进行了不同pH值、不同浓度的水化学溶液对砂岩微观结构、变形特性、强度损伤的腐蚀试验，得到了岩石试件力学参数随水化学作用的损伤演化过程的有用成果；汤连生等[45,46]开展了水岩化学作用岩石宏观力学效应和损伤程度的试验，得到水对岩体断裂强度、裂纹面上剪切强度和化学损伤破坏的定量方法的研究成果。而关于锚固结构与岩土体蠕变耦合特性的研究文献引用频繁的有：朱晗迓等[47]采用广义开尔文模型，基于锚索体与岩体变形协调与内力平衡关系，建立了耦合本构方程，并运用有限元技术对一工程高边坡锚索预应力损失时效性进行跟踪，验证了理论公式的有效性；丁多文等[48]讨论了卸荷岩体锚固结构预应力变化特征，分别从岩体应力状态、岩体性质与流变、锚固时间等研究内容出发，得到了不同因素对卸荷岩体预应力损失的时效影响规律；陈安敏等[49]基于模型试验和*K-H*黏弹性模型建立了相似材料的蠕变方程式，揭示了稳定的预应力值与初始张拉力以及预应力与初始张力和岩体强度的指数关系；高大水等[50]对三峡永久船闸高边坡锚索预应力监测结果进行统计分析，划分了预应力损失三阶段的时间区段和预应力损失值。实际上，因材料强度的差异性，锚杆的锚固力和黏结强度在工作中是在不断地调整，这样一味地用不变的蠕变力计算变形、应力和强度时，其计算结果将偏大，甚至错误[51]。

1.3.2　地震效应对土锚结构的承载影响

锚杆承载能力一般是在静力条件下通过拉拔试验、规范建议公式和采用拟静力法求解静力平衡方程计算确定，很少考虑受地震振动、爆破振动和工程机械振动等动荷载响应中加速度、速度、位移、力时程和其频谱特性对锚固力和锚杆长度的影响，因此忽略动力响应直接套用锚杆静载承载力设计值是不符合工程实际的，甚至会对锚杆承载力估值过高而出现错误的结果[52,53]。同时，锚杆支护边坡抗震稳定性的研究成果尚不多见，既有边坡锚固的抗震研究也主要是针对岩质边坡工程，集中反映在受锚岩体中振动波在节理界面的传播特性，而在土质边坡抗震研究中，存在对多孔颗粒性土体地震波的传播特征、复杂波形在土坡临空面的叠加效应和建立地震动力响应锚杆支护土坡中方便、适用、可靠的理论计算式等诸多尚未解决的问题，致使受锚土质边坡抗震设计理论远远滞后于工程实践[54,55]。锚固支护动力研究主要是通过室内模型试验和数值模拟技术集中在地震动力响应对锚固设计参数的影响，位移、速度和加速度峰值放大系数在水平和垂直方向节律性规律以及边坡安全系数的计算等方面，如 Stamatopoulos C A 等[56]运用数值理论，以加速度时程作为输入动荷载，得到了锚杆设计参数对边坡动力安全系数敏感性影响结果，总结出不同地震波参数对受锚边坡的动力破坏机理及破坏模式；Kima J 等[57]建立了框架预应力锚杆概化模型，理论得出坡后地基土体的运动方程，得到了水平地震作用下锚杆自由段和锚固段轴力解析式以及轴力非线性变化的动态特征；ZHU Yan-peng 等[58]建立了框架锚杆挡土墙地震动土压力和框架锚杆节点处的动土压力计算式，采用 ADINA 有限元软件揭示了地震作用下锚杆的轴力峰值比地震前放大了 1.15 倍的结论；Ivanovic A 等[59]借鉴桩基振动理论，建立振动平衡条件下锚杆各区段振型函数的表达式和锚固系统固有频率的通用计算式，总结了锚固参数对固有频率的影响；Hong Y S 等[60]采用人工合成波的振动台模型试验方法，结合边坡坡表加速度放大系数随高度变化的特征，揭示了锚索工程震害为最轻，其次是框架锚杆，再次是挂网喷混凝土，并且主动网的震害是最为严重的重要结论；George 等[61]基于斜坡地形，围绕地震动作用下地表变形进行了数值模拟，得到斜坡失稳机理和坡表变形的韵律特征；Lin 等[62]采用有限差分软件，对砂土边坡进行了抗震模拟计算，并结合大型振动台试验总结了边坡土体加速度放大系数随激振加速度峰值的变化趋势及其对边坡抗震稳定性机理应用等边坡锚固抗震研究成果。

目前，锚杆支护边坡地震动力响应研究大都是在边坡边界直接输入地震荷载，运用波动方程分析坡体介质的加速度、速度和位移等关键量的时空变化特征，很少考虑地震波在坡体介质内的入射、反射和干涉传播特征、波动影响范围、锚杆抗震设计长度以及锚杆承载力等设计参数的影响，并且工程边坡的防护与加固措施大都在坡表及其浅表范围内加以实施，然而关于地震动对锚杆支护边坡坡表浅域的影响范围、锚杆自由段的减震效应、抗震锚杆长度和增加锚固承载力补偿值的研究成果还鲜见报道。

1.3.3 突发水害对土锚结构的承载影响

突发水害破坏性极大，造成的损失占各种自然灾害总损失的 50%以上，随着当前气象条件和自然环境的快速改变，水害的突发性概率也在增加，加上突发水害破坏作用历经时间短，破坏范围之广，给科学研究和灾后治理工作提出了严峻的挑战[63,64]。目前，突发水害对受锚岩土结构的理论研究主要源于19世纪中期的土质边坡工程，法国科学家Saint Venant通过明渠水槽试验，建立了非恒流偏微分方程，初次揭示了洪水对土体的破坏规律，在洪水对边坡岩土体的增载与安全系数计算方面取得了不少成果。而我国关于突发水害的研究集中在洪水对山区乡村房屋、桥梁结构、坝基、人体、漂浮物的力学特性以及地下突水围岩层稳定性等方面的影响，而对受锚岩土结构的力学特性、蠕变损伤失效模式及其时效可靠性的理论与试验研究报道极少，因此亟待深入研究。

1.4 本书的主要内容

本书主要研究了土锚挡土材料在固有力学属性和复杂自然与地质环境条件下受锚挡土结构的力学特性和时效承载稳定性问题，主要内容如下。

① 根据岩土锚固赋存的自然、地质和工程环境，分析了作用于土锚结构多重荷载的分布特征、静载和动载效应承载结构的分区划分及承载模型、锚固体系不同分区的位移特点，岩体对称汇交裂纹的分布特征，提出了界面相对位移损伤的概念，进行了锚固失效破坏的机理，汇交裂纹演变分析，建立了三种子系统六种失效模式的串联失效模型，应力强度因子的权函数解析式。

② 分析了多重荷载作用下土锚结构各组件的蠕变位移特征，尤其是土体蠕变特性对锚固力和锚固段长度参数的重要影响，动态锚固力的测定方法，研究了岩土材料的非线性蠕变模型、模型参数辨识和非线性模型方程的解析式，总结了土体抗剪强度指标时效变化特征，根据锚固参数的随机分布特征，建立了土体蠕变效应土锚结构承载的时效可靠指标的计算。

③ 结合土体的内摩擦自承载属性，研究了残余承载区剪切位移特征及其对锚固承载的影响，总结了土体内摩擦效应界面剪应力的分布规律，分析了桩土结构土拱形成原理，建立了土体蠕变效应的土拱曲线方程。

④ 根据地震波在土体中的传播特征，分析了地震动效应坡面浅表区域的动力响应及剪切破坏机理，建立了边坡土体地震动力响应波动方程，提出了地震动对锚固参数产生重要影响，特别是将地震波长与锚固段长度相联系，同时强调了增加锚固力补偿值确保受锚边坡结构整体稳定的必要性。

⑤ 根据地下水对锚固结构的物理、力学、化学效应，分析了土水离子分布特征、指标测试与回归分析，研究了化学腐蚀对锚固结构体积、黏结强度和力学失效特征，建立了化学腐蚀土体蠕变耦合效应受锚结构的蠕变模型和蠕变方程，研究了土水化学环境下锚固力随时间的变化特征，确定了砂浆屈服开裂时间。

⑥ 锚索桩是岩土加固的重要形式之一，根据抗滑桩的几何特征和多面的荷载条件，分析了桩体裂纹分布特征，用权函数进行应力强度因子解析以及裂纹的几何

特征对应力强度因子的影响，分析了抗滑深梁桩的承载特性与破坏形态，研究了抗滑深梁桩的计算模型和控制方程，获得了深梁计算方法在抗滑桩内力计算中的应用。

本书的技术路线如图 1-4 所示。

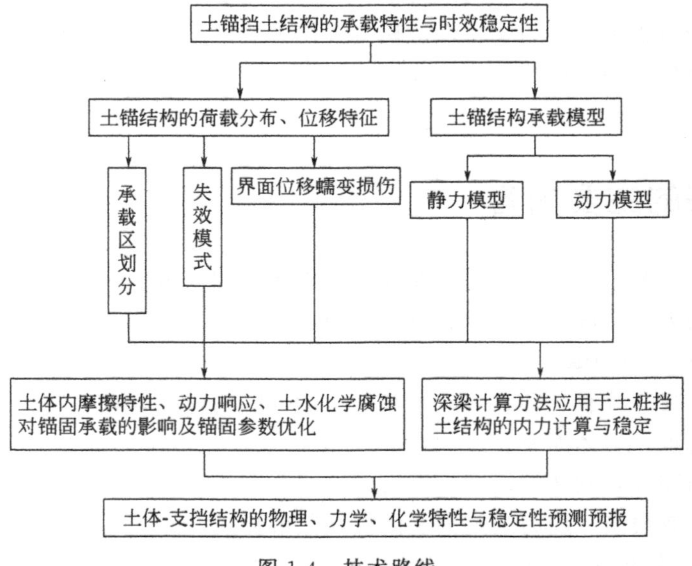

图 1-4　技术路线

第2章

土锚挡土结构承载体系与多失效模式

土锚挡土结构是由锚固结构与周围土体协同工作形成的一种复杂构筑物。锚杆加固主要是在预应力作用下，通过钢筋杆体将拉伸荷载传递给砂浆锚固体，再延伸到围岩土体，通过发挥界面和受锚材料的抗剪强度，达到锚杆加固岩土结构的主动稳定。因此锚固结构的承载能力主要是由锚固段的黏结强度、围岩土体的抗剪强度及自承载能力决定。一旦该区域发生塑性屈服、剪切脱黏，就会导致锚固失效。

2.1 土锚结构的承载体系

2.1.1 土锚结构的组成

土锚挡土结构在工程中一般为主动加固形式，主要用于控制土体的变形。根据加固形式，土锚结构主要由锚头、自由段、锚固段和周围土体组成（即土-挡结构组成）。其中，锚头是由支座、锚具、锚头等组成，是施加预应力和荷载锁定的关键区域，也是产生蠕变荷载和蠕变变形的驱动力位置，同时锚固系统中杆体、砂浆锚固体、周围土体、多重界面的剪切位移可以通过监测土体、支座、杆端的位移，再通过换算得到。自由段一般用套管防腐黄油包裹，是预应力发挥及传递的过渡区域，能够克服预应力松弛导致锚固力的降低，还可以应用于杆体的多次张拉与荷载传递，因此还需深入滑移面以内的稳定土层。锚固段是加固土体的重点承载区域，主要通过杆体-砂浆和砂浆-土体的黏结强度来增强土体的稳定，还可以改良土体强度，使土-挡结构形成整体，因此，一旦界面脱黏和锚固力损失，会引发锚固结构的失稳破坏。周围土体的稳定主要是通过黏结力、剪切强度和自承载力提供，其破坏形式主要为土体的剪切破坏。锚固系统中各组件的分布如图 2-1 所示。

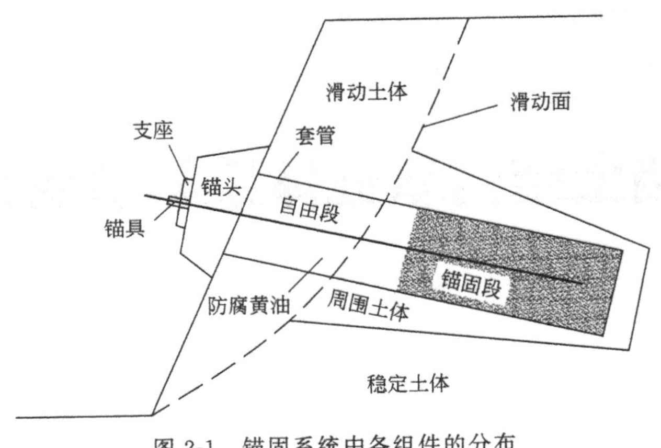

图 2-1 锚固系统中各组件的分布

2.1.2 土锚挡土结构的荷载分布

受锚岩土结构主要形式有锚杆挡土墙、框架锚杆、锚索桩、锚杆桩基托梁等，它能抵抗土压力、限制土体变形，还能有利于发挥土体的抗剪强度和内摩擦自承载特性。根据土锚结构的组成，结合各组件的传力和优势变形特征，作用于土锚结构的主要荷载有：杆体与砂浆锚固体、砂浆锚固体与周围土体、锚头与周围土体、土体与结构等多重界面上的剪应力、压应力和摩擦力，作用于挡土结构的主动土压力与被动土压力，作用于锚固体上的土体自重，施加于锚头的预应力，土锚结构顶部的超载，孔隙水压力与动水压力，挡土结构的自重荷载，地震荷载等，其荷载分布如图 2-2 所示。

2.1.3 静力承载体系与锚固失效

根据挡土结构的组成和多重荷载分布特点，其荷载分布复杂多变，涵盖了土锚结构外部和内部的定常、确定、非确定的静载荷和动载荷（见图 2-2）。众多研究结果表明：静载是最主要的形式，尤其是锚固力决定着整个锚固系统的稳定状况。在静力承载体系中，锚固失效常常体现在钢筋杆体与砂浆锚固体的剪切破坏、砂浆锚固体与围岩土体界面的脱黏破坏、砂浆锚固体内部的剪切破坏、围岩土体的拉剪破坏、钢筋的拉伸屈服和锚头范围围岩土体的局部压剪及松弛等六种破坏形式。而大量受锚工程的测试显示，其中土锚工程中，砂浆锚固体与土体的界面破坏和受锚土体的剪切屈服是最优先发生破坏的，主要原因是土体的剪切强度较低，变形较大。普遍认为杆体在轴力作用下通过荷载传递后，在锚土界面和土体内部产生过大的剪应力或剪应力集中现象，当剪应力超过锚土界面的抗剪强度（黏结强度）时，

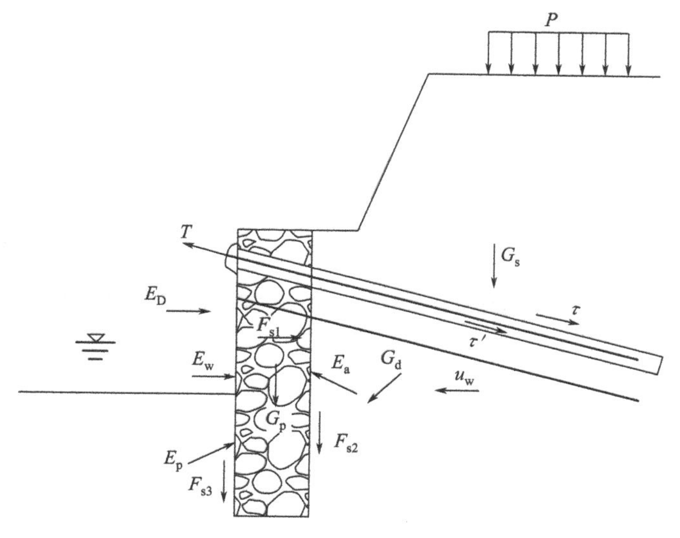

图 2-2　土锚挡土结构的荷载分布

F_{s1}，F_{s2}，F_{s3}—分别为土体与结构侧面的摩擦力；E_a，E_p—分别为主动土压力和被动土压力；E_D—地震荷载；E_w—挡土结构外侧的水压力；u_w，G_d—分别为土体的孔隙水压力和动水压力；τ，τ'—分别为砂浆锚固体与土体界面及杆体与砂浆锚固体界面的剪应力；G_s—土体自重；G_p—结构的自重；T—预应力；P—土锚结构顶端的超载

便在锚固段的顶端首先出现剪切脱黏段，剪应力和抗剪强度沿锚固段还继续发挥，进而脱黏段还进一步延伸。同时，当锚固段顶端发生脱黏时，砂浆锚固体周围的土体也出现大量的塑性区，在土体内摩擦作用下，使土体处于残余承载状态。在锚固段区域脱黏段影响范围以外，土体的抗剪强度和自承特性继续发挥作用，使土体处于稳定状态（即主动承载维持土体的稳定）[65]。根据锚固荷载传递方式及其失效模式，针对黏结锚杆加固的承载结构分区与剪应力分布如图 2-3 所示。

2.1.4　动力承载体系与振动方程

挡土结构的动力荷载是随时间不断变化的，主要有地震荷载、交通动荷载、风荷载、洪水荷载、波浪荷载等，作用于挡土结构上时，历经时间短暂、破坏力大，还具有不确定性，同时动力学特征与变形计算是非常复杂的。

（1）风荷载

风荷载作为一种随机振动荷载，常常还伴随有强降雨过程，尤其台风及台风雨对挡土结构的稳定具有持续的力学效应，同时对土锚挡土结构的承载还具有驱动土锚脱黏、预应力损失和风振响应的二重性，需严格控制风载引起的消极影响。根据挡土结构材料固有的力学属性和强度差异性，在风振研究中，将土体视为具有黏性阻尼二自由度系统的受迫振动，具体振动模型如图 2-4 所示[66,67]。

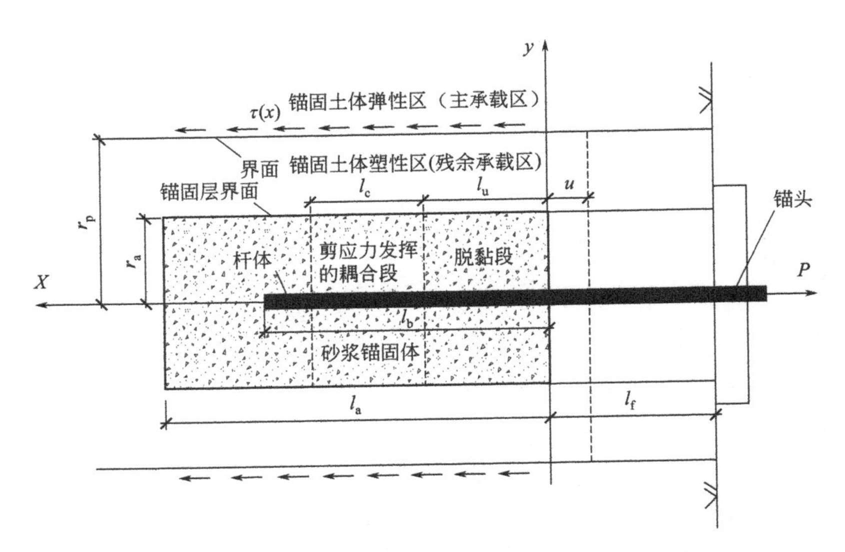

图 2-3 针对黏结锚杆加固的承载结构分区与剪应力分布

l_a—锚固段长度；l_b—锚固体长度；l_u—脱黏段长度；l_f—自由段长度；l_c—剪应力耦合段长度；r_p—受锚土体塑性区半径；r_a—锚固体半径；u—脱黏位移；P—锚头拉拔荷载

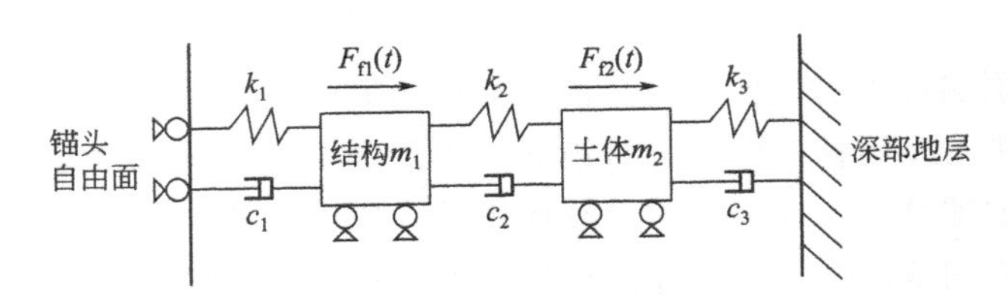

图 2-4 土体-结构受迫振动系统

k_1，k_2，k_3—分别为锚头自由面界面的刚度系数、土体与砂浆锚固体界面的刚度系数、残余承载区与主承载区的刚度系数；c_1，c_2，c_3—分别为上述各结构的阻尼

根据土体-结构系统的力学平衡，振动方程为

$$\begin{cases}M_{11}\ddot{x}_1+C_{11}\dot{x}_1+C_{12}\dot{x}_2+K_{11}x_1+K_{12}x_2=F_{f1}(t)\\M_{22}\ddot{x}_2+C_{21}\dot{x}_1+C_{22}\dot{x}_2+K_{21}x_1+K_{22}x_2=F_{f2}(t)\end{cases} \tag{2-1}$$

其中，$M_{11}=m_1$；$M_{22}=m_2$；$C_{11}=c_1+c_2$；$C_{12}=C_{21}=-c_2$；$C_{22}=c_2+c_3$；$K_{11}=k_1+k_2$；$K_{12}=K_{21}=-k_2$；$K_{22}=k_2+k_3$。

结合谐振特征[68]，非齐次振动方程（2-1）的解有以下形式：

$$\begin{cases}x_1=A_1\cos(ft)+B_1\sin(ft)\\x_2=A_2\cos(ft)+B_2\sin(ft)\end{cases} \tag{2-2}$$

将式(2-2) 分别求一次导数和二次导数后代入式(2-1)，可以得到：

$$\begin{cases}\ddot{x}_1=-A_1 f^2\cos(ft)-B_1 f^2\sin(ft)\\ \ddot{x}_2=-A_2 f^2\cos(ft)-B_2 f^2\sin(ft)\end{cases} \tag{2-3}$$

再将式(2-2) 和式(2-3) 代入式(2-1)，进一步得到：

$$\begin{pmatrix} C_{21}f-C_{11}f & K_{11}-K_{21}-M_{11}f^2 \\ -C_{12}f & K_{12}+M_{22}f^2-C_{22}-K_{22} \\ K_{11}-M_{11}-K_{12} & C_{11}f-C_{21}f \\ K_{12} & C_{12}+M_{22}f^2-C_{22}-K_{22}\end{pmatrix}\begin{pmatrix}\sin(ft)\\ \\ \cos(ft)\end{pmatrix}=\begin{pmatrix}0\\0\\0\\0\end{pmatrix} \tag{2-4}$$

以 $\sin(ft)$ 和 $\cos(ft)$ 为未知数，考虑到行列式的系数为零，于是得到土挡结构-土体结构的频率特征方程式为

$$af^4+bf^2+c=0 \tag{2-5}$$

通过求解方程（2-5）的特征值 f_1^2 和 f_2^2，可以获得基础-土体的第一阶固有频率和第二阶固有频率。

（2）洪水荷载

洪水对土挡结构的作用是多重动力荷载的施加、土挡结构应力调整和材料剪切强度的弱化等，其中动力荷载效应是首要的，它的形式主要有动水压力、漂流物撞击力、波浪力、冲刷侵蚀和生物化学力等，于是，在洪水条件下土锚挡土结构极易产生剪切屈服、位移增加及突变、预应力损失等，诱发土锚挡土结构的失稳破坏。洪水对边坡土体的力学作用如图 2-5 所示。

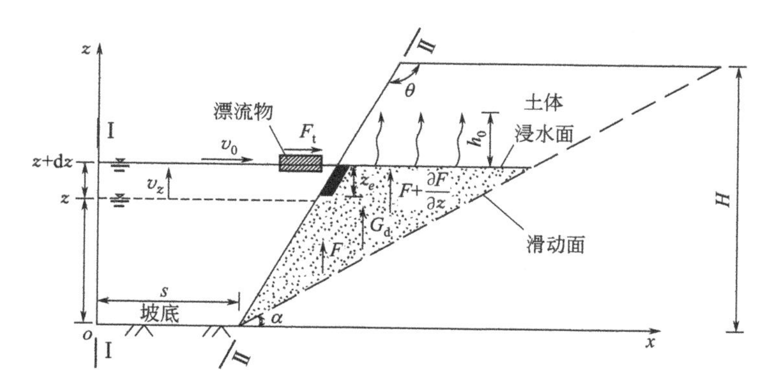

图 2-5　洪水对边坡土体的力学作用

Ⅰ—Ⅰ，Ⅱ—Ⅱ—土挡结构的自由面；v_z—洪水的竖向上升速度；v_0—洪水的水平向速度；z_e—冲刷深度；h_0—毛细水的上升高度；z—洪水的深度；s—底部流经的距离；G_d—动水压力；F—浮托力；F_t—冲击力；θ—主细压力；α—边坡的滑动角

根据图 2-5 的荷载分布，浮托力 F 和孔隙水压力 μ_w 为

$$\frac{\partial F(z,v_z,t,x)}{\partial z}=\rho_w g \tag{2-6}$$

$$\mu_w=\gamma_w[v_z t-(x-s)\tan\alpha]\quad (x\geqslant s) \tag{2-7}$$

结合式(2-6) 和式(2-7)，积分得到浮托力 F 为

$$F=\mathrm{e}^{\frac{z}{v_z t-(x-s)\tan\alpha}}-1 \tag{2-8}$$

式中 x，z——坐标系统；

t——洪水水位上升时间；

α——滑动角。

根据能量守恒[69]，得到洪水作用下的能量方程为

$$\frac{\partial z}{\partial s}\mathrm{d}s+\frac{1}{2}\frac{\partial^2 z}{\partial s\partial t}\mathrm{d}s\mathrm{d}t+\frac{\partial}{\partial s}\left(\frac{v^2}{2g}\right)\mathrm{d}s+\frac{1}{2}\frac{\partial^2}{\partial s\partial t}\left(\frac{v^2}{2g}\right)\mathrm{d}s\mathrm{d}t+\frac{v^2}{C^2R}\mathrm{d}s+\frac{1}{g}\frac{\partial v}{\partial t}\mathrm{d}s=0 \tag{2-9}$$

在洪水冲击土挡结构后，冲击动能转化为冲击力，冲击水头 h 为

$$h=z_{\mathrm{I}}+\frac{v_0^2}{2g}-z_{\mathrm{II}}-\frac{1}{g}\int_{\mathrm{I}}^{\mathrm{II}}\frac{\partial\overline{v}}{\partial t}\mathrm{d}s-\int_{\mathrm{I}}^{\mathrm{II}}\frac{\overline{v}^2}{C^2R}\mathrm{d}s \tag{2-10}$$

进而得到冲击力 P_h 为

$$P_h=\gamma_{\mathrm{w}}\left[z_{\mathrm{I}}+\frac{v_0^2}{2g}-z_{\mathrm{II}}-\frac{1}{g}\int_{\mathrm{I}}^{\mathrm{II}}\frac{\partial\overline{v}}{\partial t}\mathrm{d}s-\int_{\mathrm{I}}^{\mathrm{II}}\frac{\overline{v}^2}{C^2R}\mathrm{d}s\right] \tag{2-11}$$

式中 z_{I}，z_{II}——分别为断面Ⅰ—Ⅰ，Ⅱ—Ⅱ水头；

v_0——洪水水平向速度；

$\overline{v}$——断面的平均流速；

v——断面流速；

C——与流量有关的系数；

R——水力半径。

进一步得到漂流物对土挡结构自由面的冲击力 F_{t}为

$$F_{\mathrm{t}}=\frac{m_D v_D}{\sqrt{\frac{(K_D+K_M)m_D}{K_D K_M}}} \tag{2-12}$$

式中 K_D——漂流物的刚度；

K_M——土挡结构自由面的刚度；

m_D——漂流物的质量；

v_D——漂流物的流速，与洪水水平向速度 v_0相同。

2.2 土锚结构的位移与损伤特征

2.2.1 锚固结构位移组成

（1）位移组成

在拉拔荷载作用下，锚杆的总位移 s_{T}主要由杆体自由段位移 s_{f}、锚固段位移 s_{a}和锚土界面相对剪切位移 s_{s}组成[70]，这里不考虑其他构造和位移形式，锚杆的

总位移为

$$s_T = s_f + s_a + s_s \tag{2-13}$$

根据锚固结构的组成和荷载传递过程，土体的位移是由界面剪应力产生的。大量试验表明，锚土界面剪应力最大值发生在锚固段前端，并沿锚杆底端剪应力逐渐降低，因此在该段范围内最大相对剪切位移是发生在锚固段前端。同时结合锚土界面剪切破坏条件，在剪切荷载作用下当锚杆位移达到最大允许值时，便产生锚固失效。

（2）脱黏位移测定及换算

锚固系统中杆体、砂浆锚固体、周围土体、多重界面的剪切位移的计算是非常复杂的，且计算参数和计算模型还不能确定，于是将通过监测土体、支座、杆端的位移，再通过位移换算得到轴向位移和脱黏位移，测定方法和换算的主要步骤如下。

① 在锚固结构顶端锚孔边缘锚固体及其靠近土体两处布设位移监测点，在以外稳定的区域布置基准点（含基桩），以基准点为原点，建立全局直角坐标系，并沿待测锚杆形成监测网。

② 以锚固体顶端中心为原点，沿锚固体轴向及其垂直方向为坐标轴，建立局部直角坐标系。

③ 通过 GPS 获得各测点的坐标，根据坐标换算分别得到锚固体和土体的轴向位移 $\Delta s_i (i=1,2)$（见图 2-6）。

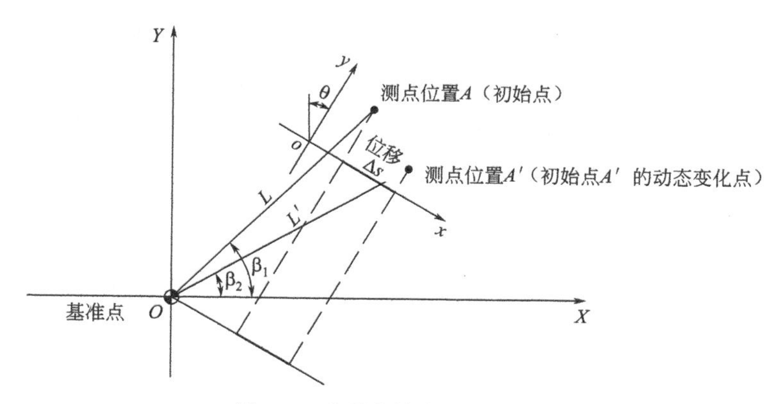

图 2-6 监测点轴向位移计算图

$$\Delta s_i = L'\cos(\theta+\beta_2) - L\cos(\theta+\beta_1) \tag{2-14}$$

式中 θ——全局坐标系与局部坐标系的夹角；

L'——测点 A'到基准点的初始距离；

β_2——测点 A'和基准点连线与全局坐标系 X 轴的初始夹角；

L——测点 A 到基准点的动态距离；

β_1——测点 A 和基准点连线与全局坐标系 X 轴的动态夹角。

当锚固体位移 Δs_g 和土体位移 Δs_s 两者位移不协调时，便产生相对位移 Δs。

$$\Delta s = \Delta s_g - \Delta s_s \tag{2-15}$$

④为获得脱黏段长度，首先确定剩余锚固长度 L_r，剩余锚固长度等于锚固段长度 L_a 与脱黏段长度 L_s 的差值（$L_r = L_a - L_s$），因锚土界面相对剪切位移主要由剪应力引起，于是在脱黏段范围相对剪切位移的定义为

$$s_s(x) = \int_0^x \frac{d\tau(x)}{G_s} d_g \tag{2-16}$$

根据图 2-3 中剪应力分布，由式(2-16) 进一步得到相对剪切位移为

$$s_s(x) = \int_0^x \frac{AB}{G_s} \gamma_s d_m \exp[B(x/d_g)] dx \tag{2-17}$$

⑤ 通过位移监测数据，结合式(2-14) 和式(2-15)，可以分别得到锚固体与土体的轴向位移，即 Δs_g 和 Δs_s，进一步获得锚土界面相对剪切位移值 Δs。

根据步骤⑤中锚土界面相对剪切位移监测值 Δs，代入式(2-17) 后，积分计算得到脱黏段长度 $x = L_s$。

2.2.2 黏塑性位移

在土锚结构蠕变分析中，蠕变位移主要有黏弹性位移和黏塑性位移。黏弹性位移通过弹性元件和黏性元件可以获得，计算容易，而黏塑性位移形成原因复杂，元件不统一，加上理论性强，还具有非线性特征，因此计算过程难以掌握。通常，在过应力作用下（锚固结构中传递荷载大于土体的抗剪强度），土体往往产生不可恢复的塑性加速变形。在土体蠕变分析中，这种变形通常以黏塑性位移来体现。对于土锚结构，在锚固失效过程中往往是残余承载区土体首先出现较大变形发生屈服破坏而脱黏。根据土锚结构各组件的位移和荷载传递特点，土体有加速剪切蠕变破坏特征，产生大变形或突变位移，其中剪切加速变形可以通过添加自建的 M-C 塑性元件，运用 Mohr-Coulomb 屈服准则来实现，Mohr-Coulomb 一维屈服函数为

$$F = -\frac{1}{2}\sigma_s + \frac{1}{2}\sigma_s \sin\varphi + c\cos\varphi \tag{2-18}$$

结合本书参考文献 [71]，可以得到 M-C 模型的黏塑性应变率为

$$\dot{\varepsilon}_{MC} = \eta_{s2} \left[\frac{-\frac{1}{2}\sigma_s + \frac{1}{2}\sigma_s \sin\varphi + c\cos\varphi}{F_0} \right] \left(-\frac{1}{2} + \frac{1}{2}\sin\varphi \right) \tag{2-19}$$

式中 c，φ——土体的黏结力和内摩擦角；

σ_s——蠕变应力；

F_0——土体屈服强度初始参考值，可以根据初始条件由式(2-18) 得到。

再对式(2-19）求微分可以得到塑性应变，即

$$\varepsilon_{MC}=\frac{(1-\sin\varphi)}{2F_0}\int\eta_{s2}\left(\frac{1}{2}\sigma_s-\frac{1}{2}\sigma_s\sin\varphi-c\cos\varphi\right)dt \tag{2-20}$$

由于黏塑性元件具有非线性特征，在公式(2-20）中，黏塑性系数 $\eta_{s2}(\sigma_s, t)$ 是蠕变应力和时间的函数，因此黏塑性应变 ε_{MC} 可以通过数值获得解析解。

2.2.3　脱黏段位移损伤变量及损伤传递

（1）相对剪切位移

锚固体的加固效果主要体现在锚固体界面摩擦阻力的发挥程度。当前研究认为：

① 当砂浆与土体界面完全耦合时，剪应力与剪切位移呈比例关系；

② 当砂浆与土体界面解耦产生相对剪切位移时，土体的抗剪强度已得到充分发挥，并且脱黏后的剪应力急剧趋于零，造成锚固结构失效[72]。

因此锚固结构失效往往是因为杆体与浆体或浆体与岩土层界面的剪应力超过抗剪强度，因前者黏结强度较后者偏大，加上该界面的黏结又较后者致密，所以剪切破坏面常常优先在浆体与岩土层界面发生，脱黏后便产生滑移破坏（见图 2-7)。为了进一步分析锚土界面相对剪切位移，假定如下：

① 砂浆锚固体与岩土界面上的力满足协调平衡；

② 锚固结构对土体加固的影响范围是有限的，不考虑锚杆拉拔过程中界面的径向位移；

③ 脱黏段长度与锚固段内发生相对剪切位移的区域是一致的，在锚土界面脱黏段相对位移区域发生滑动摩擦力，而区域以外是黏结阻力的作用。

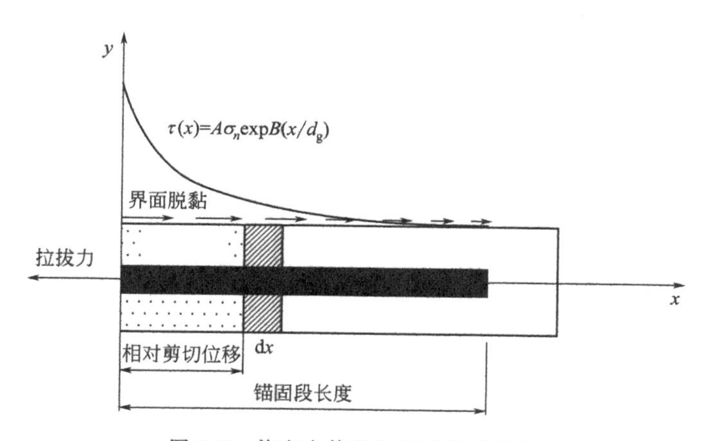

图 2-7　剪应力传递与相对位移分布

在拉拔荷载作用下，锚固段拉力 T 与脱黏段相对位移区域摩擦力和该区域以外的剪力满足力的平衡关系，即

$$T=F_{f}+F_{\tau} \tag{2-21}$$

大量试验验证：锚固段的剪应力呈非均匀分布，在锚固段前端剪应力最大，沿锚固段剪应力逐渐降低直至为零的单驼峰分布。因此，书中剪应力也采用被广大科技工作者认可的指数分布形式[73]：

$$\tau(x)=A\sigma_{n}\exp[B(x/d_{g})] \tag{2-22}$$

其中，$A=\sqrt{\dfrac{G_{s}G_{g}}{2E_{b}[G_{s}\ln(d_{g}/d_{b})+G_{g}\ln(d_{m}/d_{g})]}}$，$B=-4A$，$d_{m}=2.5(1-\nu_{s})L_{a}$。

对式(2-22) 取微分，得

$$\mathrm{d}\tau=\frac{AB}{d_{g}}\sigma_{n}\exp[B(x/d_{g})]\mathrm{d}x \tag{2-23}$$

根据受锚土体的影响范围得到锚土界面的法向应力为

$$\sigma_{n}=2.5(1-\nu_{s})L_{a}\gamma_{s} \tag{2-24}$$

将式(2-21) 变形得

$$T=\pi d\sigma_{n}u_{s}\tan\varphi+\pi d(L_{a}-u_{s})A\sigma_{n}\exp[B(x/d_{g})] \tag{2-25}$$

结合式(2-23) 可以得到脱黏段范围相对剪切位移为

$$u_{s}(x)=\int_{0}^{x}\frac{d}{G_{s}}\frac{AB}{d_{g}}[2.5(1-\nu_{s})L_{a}\gamma_{s}]\exp[B(x/d_{g})]\mathrm{d}x \tag{2-26}$$

以上式中 G_{s}，G_{g}——分别为土体和砂浆的剪切模量；
E_{b}——杆体的弹性模量；
d_{g}——锚孔直径；
d_{b}——杆体的直径；
F_{f}——脱黏段摩擦力；
F_{τ}——脱黏段以外的剪力；
L_{a}——锚固段长度；
ν_{s}——土的泊松比；
γ_{s}——土的容重；
d——锚固体直径；
φ——土的内摩擦角。

(2) 损伤变量定义

基于 1963 年 Rabotnov 面积改变的损伤变量定义[74]，从材料损伤过程中有效面积减小的特性出发，引入到土锚结构的损伤演化，在锚固段范围因锚土界面逐渐解耦而产生相对剪切位移后诱发脱黏失效。这样锚固结构在拉拔力 T 作用时，一旦达到剪切破坏条件，在锚固前端脱黏产生剪切位移，即认为脱黏段的土体是完全损伤的，因此损伤变量定义可采用锚土界面脱黏段范围相对剪切位移与锚固失效锚杆锚固段位移的比值，即

$$D=\frac{u_{s}(x)}{u_{a}} \tag{2-27}$$

式中　$u_s(x)$——脱黏段范围相对剪切位移；

u_a——锚固失效时锚杆锚固段的剪切位移。

显然，基于相对剪切位移的损伤变量 $D\in[0, 1]$，当 $D=0$ 表示未发生相对位移，锚土界面处于完整状态；$D=1$ 表示锚固段脱黏，达到破坏条件，锚土界面完全剪切破坏；$0<D<1$ 表示锚土界面处于逐步损伤阶段。其中，u_a 为根据剪应变-时间蠕变曲线中发生加速蠕变时刻 t_a 相对应的剪应变值。

(3) 蠕变损伤耦合分析及损伤传递特征

依据式(2-13)，锚固失效时锚杆锚固段的剪切位移是锚杆拔出时的总位移与自由段和锚固段位移的差值，其计算式为

$$u_a=s_{TD}-s_f-s_a \tag{2-28}$$

根据全长黏结式锚固（见图 2-3）中，自由段位移 $s_f=0$，锚固段的位移为

$$s_a=\frac{\sigma_T}{E_a}[L_a-G_a u_s(x)] \tag{2-29}$$

结合式(2-28) 和式(2-29)，得

$$u_a=s_{TD}-\frac{\sigma_T}{E_a}[L_a-G_a u_s(x)] \tag{2-30}$$

再结合式(2-22)，可获得基于锚土界面相对位移的损伤变量定义：

$$D=\frac{\int_0^x \frac{d}{G_s}\frac{AB}{d_g}[2.5(1-\nu_s)L_a\gamma_s]\exp[B(x/d_g)]\mathrm{d}x}{s_{TD}-\frac{\sigma_T}{E_a}\left\{L_a-G_a\int_0^x \frac{d}{G_s}\frac{AB}{d_g}[2.5(1-\nu_s)L_a\gamma_s]\exp[B(x/d_g)]\mathrm{d}x\right\}} \tag{2-31}$$

大量研究成果表明：土锚材料蠕变固有属性对锚固效果有重要的影响。在拉拔力 T 作用下，总位移 s_{TD} 与时间是相依的，并随着时间的增大而增大，当剪应力超过黏结强度时，会产生蠕变加速位移，进而锚固段内相对剪切位移更加显现，这势必影响损伤变量的改变。同时损伤程度的改变对土锚结构的蠕变应力也会产生显著的影响，因此蠕变应变也会发生改变，且随着损伤程度的增加，脱黏范围进一步扩展，蠕变应变更加明显。

通过锚土界面相对剪切位移特征定义了损伤变量，结合式(2-27) 和式(2-28) 可以明显地看到该损伤变量在锚杆拉拔过程中沿锚固段是非均匀分布的，并随时间、剪应力和剪切位移的变化而变化，在锚固段顶端，土体的黏结强度优先发挥后便产生显著的相对位移，损伤最大，而在锚固段底端应力仍较小，相对位移也不明显，损伤最小，这就体现了损伤变量在锚固结构中沿锚固段具有非线性单调传递特性，即损伤变量从锚固段前端沿锚杆底部的传递是逐渐递减的，呈非线性单峰值特征。因此本书中将该过程定义为发生于锚土界面沿锚固段的损伤传递，其分析流程如图 2-8 所示。

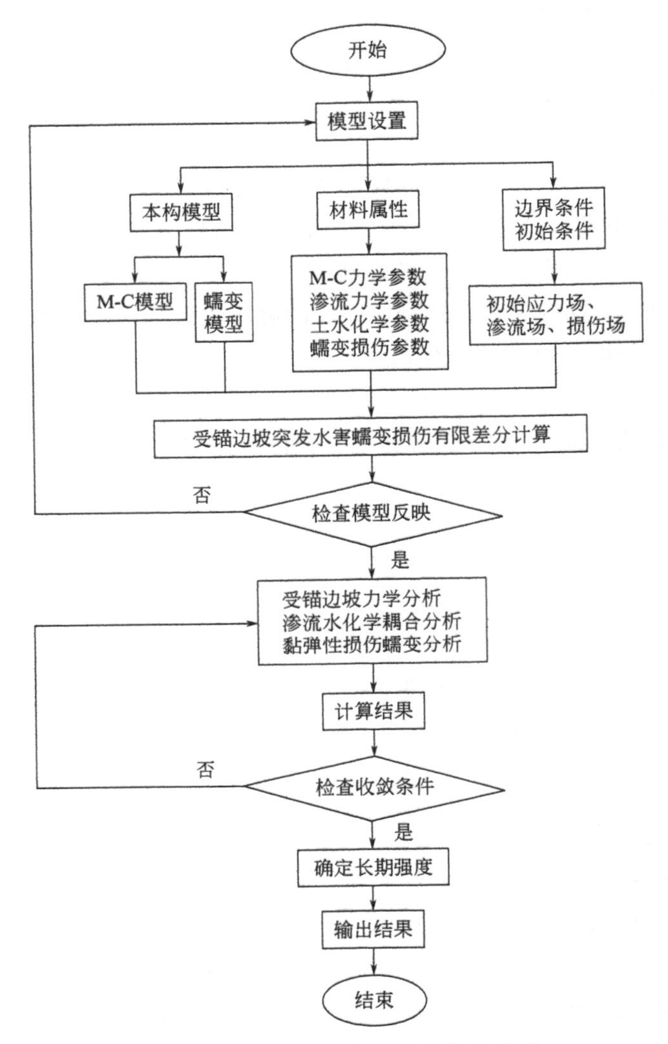

图 2-8 锚固结构的蠕变损伤分析流程

2.3 实例分析

工程锚杆的承载特性和优化设计参数往往通过现场拉拔试验来确定，为了模拟现场全长黏结锚杆拉拔试验，获得锚土界面剪切位移-时间、锚固段损伤-时间和损伤变量传递的时效关系曲线，揭示蠕变损伤耦合效应对土锚结构锚土界面位移特征和损伤沿锚固段的传递规律，通过理论计算与室内模型试验结果相比较来验证理论推导的有效性，并总结规律。

在模型试验中，盛装黏性土体的试验箱尺寸为 800mm×800mm×1600mm，锚杆采用长 50mm 直径 $\phi 6$ 的月牙肋热轧钢筋一根，为保证拉拔试验过程中优先在锚土界面发生剪切破坏，拟用 M20 水泥砂浆作为锚固剂，质量比：$m_{水泥}:m_{砂子}:m_{水}=1.00:3.89:0.83$，采用数显式弹簧秤拉拔钢筋，并记录预应力的变化。土体的物理力学参数如表 2-1 所示，根据初始拉力作用下蠕变曲线，得到锚固结构蠕变模型参数如表 2-2 所示（暂不考虑蠕变模型参数随时间和应力的变化）。

表 2-1　土体的物理力学参数

容重/(kN/m³)	含水量/%	泊松比	弹性模量/MPa	黏结力/kPa	内摩擦角/(°)
18.2	18.9	0.34	9.2	21	12

表 2-2　锚固结构蠕变模型参数

黏弹性模量/MPa	黏弹性系数/MPa·d	土体黏性系数/MPa·d	锚杆弹模/GPa	锚固段黏弹模量/MPa	锚固段黏弹系数/GPa	锚固段黏性系数/MPa·d	砂浆弹模/MPa	砂浆黏弹模量/MPa·d	剪切屈服强度/kPa
1.27	8.8	21	210	516	37	485	150	278	390

试验中拉拔荷载采用逐级加载，加载曲线见图 2-9。其中位移-时间全程曲线见图 2-10，锚固段脱黏范围损伤变量时间全程曲线见图 2-11，损伤变量沿锚固段的传递时效曲线见图 2-12。

通过单锚拉拔试验，得到了不同拉拔力作用下锚土界面剪切位移-时间全程曲线、锚固段脱黏范围损伤变量时间全程曲线和损伤变量传递时效曲线以及加速蠕变时的位移，具体结果如图 2-10～图 2-12 所示。

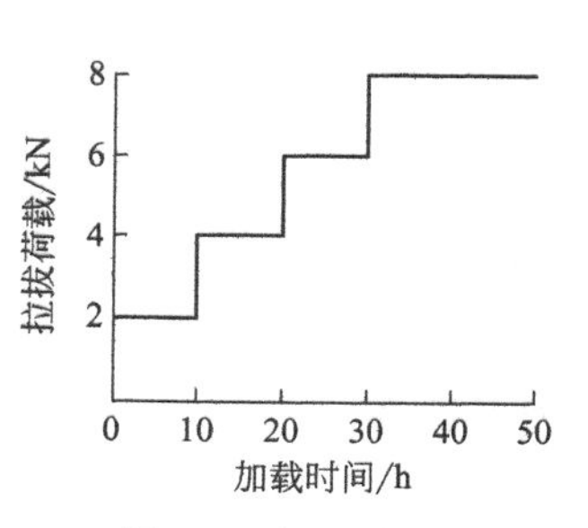

图 2-9　加载曲线

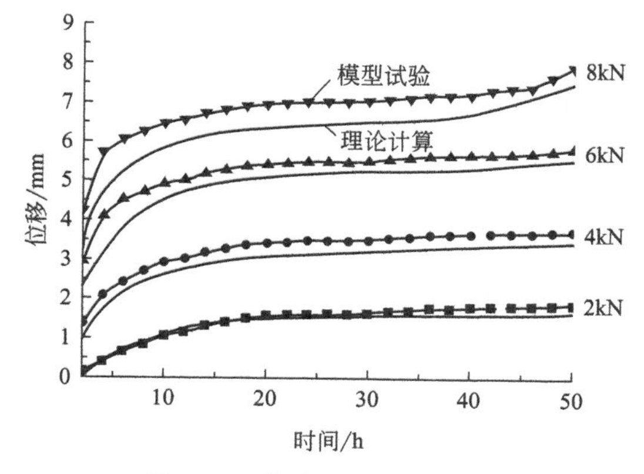

图 2-10　位移-时间全程曲线

当拉拔力小于 8kN 时，蠕变曲线呈现明显的两阶段特征，处于稳定蠕变状态；

当拉拔力达到 8kN 时，三阶段蠕变变形明显，并出现了加速位移，处于非稳定状态。同时还显示，在拉拔力较小时，理论计算与模型实验值相一致，然而随着拉拔力的增加，模型试验值比理论值偏大，当加载超过 40h 后，产生了加速变形，主要原因为模型试验是在有限区间进行，受侧向约束影响小，因此随着拉拔力的增加，位移会增加很快，甚至出现加速变形，而理论计算是假定受锚土体的径向位移为零，并考虑了土体的侧向约束，这样位移计算结果较试验值就会偏小。

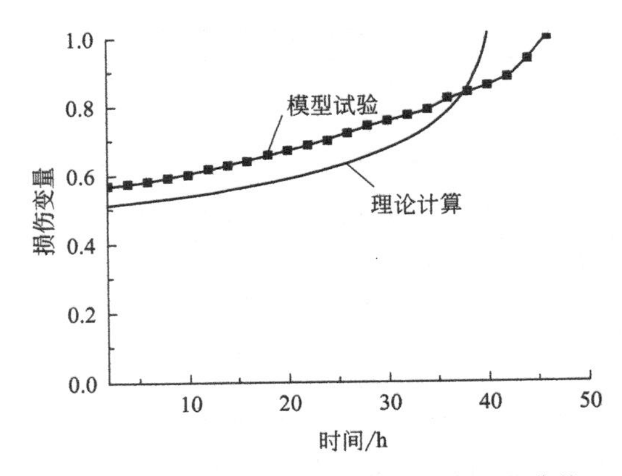

图 2-11　锚固段脱黏范围损伤变量全程曲线

从图 2-11 可见，损伤具有明显的时效特性，在加载瞬时，锚固段顶端就产生了相对位移，即出现不同程度的损伤，损伤变量随时间延续有增大的趋势，且理论计算中出现了加速损伤。对于损伤持时变化率，理论计算结果较模型试验偏大，但是损伤加速的时间与加速蠕变发生的时间较吻合。

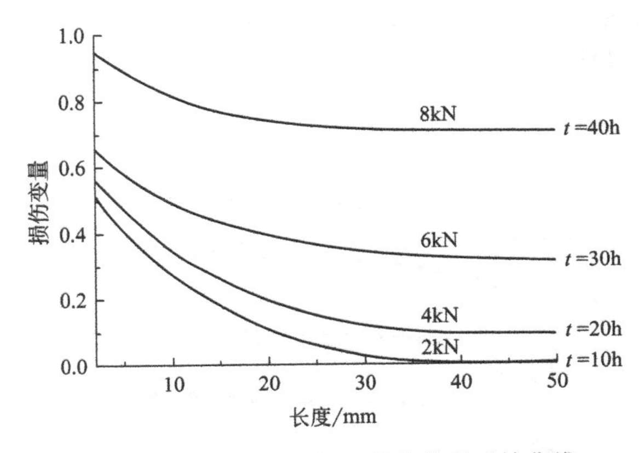

图 2-12　损伤变量沿锚固段的传递时效曲线

从图 2-12 可见，不同时刻损伤变量在锚固段顶端脱黏范围损伤程度最大，而在锚固段底端损伤最小，呈明显的非线性单峰衰减传递。同时随着时间的延续，损伤也逐渐增大。

2.4 锚固系统的串联失效模型

根据图 2-3 锚固承载结构示意，锚固体系主要由锚头、自由段、锚固段、砂浆锚固体、围岩土体等组成，长期赋存于复杂的地质环境中，受众多内外因素的影响显著，因此锚固失效为多模式破坏，基于此将锚固系统划分为钢筋杆体子系统、砂浆锚固体子系统和围岩土体子系统三个子系统组成，且各子系统之间又相互制约，并遵循一定的准则，其中任何一种子系统的破坏都会导致锚固结构的失效破坏[75]。对于土层锚杆加固系统而言，其结构破坏具有 6 种失效模式，同样任何一种破坏模式都可能导致锚固体系的失效，因此土锚体系的失效模式符合串联系统，其串联模型如图 2-13 所示。

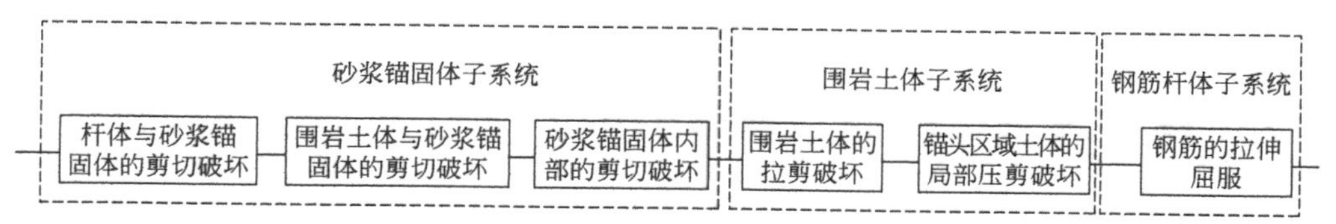

图 2-13　锚杆加固系统的串联失效模型

为了便于进行锚固系统的破坏概率研究，做以下假设：

① 土体和砂浆锚固体为均质、各向同性、连续介质材料；

② 不考虑锚杆锁定时预应力的损失，不计钢筋杆体的自重。

根据锚杆系统的串联模型，在锚固体系可靠度分析中，通过串联系统失效理论可以得到锚固系统的破坏概率 $P(X)$，其中锚固失效事件用 X_{mn}（$m=1$，2，3；$n=1$，2…6）表示：

$$
\begin{aligned}
P(X)=&P\left[\left(\bigcup_{i=1}^{3} X_{1i}\right)\cup\left(\bigcup_{i=4}^{5} X_{2i}\right)\cup\left(\bigcup_{i=6}^{6} X_{3i}\right)\right]\\
=&P\left(\bigcup_{i=1}^{3} X_{1i}\right)+P\left(\bigcup_{i=4}^{5} X_{2i}\right)+P\left(\bigcup_{i=6}^{6} X_{3i}\right)-P\left[\left(\bigcup_{i=1}^{3} X_{1i}\right)\left(\bigcup_{i=4}^{5} X_{2i}\right)\right]\\
&-P\left[\left(\bigcup_{i=4}^{5} X_{2i}\right)\left(\bigcup_{i=6}^{6} X_{3i}\right)\right]-P\left[\left(\bigcup_{i=6}^{6} X_{3i}\right)\left(\bigcup_{i=1}^{3} X_{1i}\right)\right]\\
&+P\left[\left(\bigcup_{i=1}^{3} X_{1i}\right)\left(\bigcup_{i=4}^{5} X_{2i}\right)\left(\bigcup_{i=6}^{6} X_{3i}\right)\right]
\end{aligned}
\tag{2-32}
$$

式中　X_{1i}——砂浆锚固体子系统的失效模式，其中 i（取值 1，2，3）分别表示杆体与砂浆锚固体的剪切破坏、围岩土体与砂浆锚固体的剪切破坏、砂浆锚固体内部的剪切破坏；

X_{2i}——围岩土体子系统的失效模式，其中 i（取值 4，5）分别表示围岩土体的拉剪破坏、锚头区域土体的局部压剪破坏；

X_{3i}——钢筋杆体子系统的失效模式，其中 i（取值 6）表示钢筋的拉伸屈服。

根据 6 种失效模式相互独立的特性，还可以得到锚固系统的破坏概率为

$$P_{\mathrm{f}}=1-\prod_{i=1}^{6}(1-P_{\mathrm{f}_i}) \tag{2-33}$$

式中 P_{f_i}——6 种破坏模式。

由 Stevnson-Moses 算法[25]，考虑土质边坡锚固系统的失效源于围岩土体与砂浆锚固体的剪切破坏和围岩土体的剪切破坏，于是得到该锚固系统的失效概率为

$$P_{\mathrm{f}}=\max(P_{\mathrm{f1}},P_{\mathrm{f2}}) \tag{2-34}$$

式中 P_{f1}——砂浆锚固体子系统失效模式出现的概率；

P_{f2}——围岩土体子系统失效模式出现的概率，主要是指土体与砂浆锚固体和受锚土体的剪切破坏。

2.5 锚杆灌浆体界面平整度测试

锚杆灌浆体与岩土间的黏结强度是影响锚杆极限抗拔力的重要因素，同时该黏结强度受到锚杆灌浆体界面特征和岩土体抗剪强度等因素的制约，一旦锚固产生失效，其破坏后果是灾难性的。目前，工程上常常采用一次低压注浆和二次高压注浆来发挥浆体的黏结强度。然而在实践中，往往忽略了注浆压力对岩土体破坏和灌浆体界面平整度的影响，致使注浆量增大，成本增加，且还不能依据《建筑边坡工程技术规范》(GB 50330—2013)、《建筑基坑支护技术规程》(JGJ 120—2012)、《铁路路基支挡结构设计规范》(TB 10025—2019)、《建筑地基基础设计规范》(GB 50007—2011)、《公路路基设计规范》(JTG D30—2015) 等设计规范中获得锚杆极限抗拔承载力的标准值，加上锚杆注浆的隐蔽性，因此在施工过程中很难对注浆量准确计量，难以保证注浆效果在施工过程与设计的一致性。为解决上述技术问题，采取的技术方案是：一种控制边坡锚杆灌浆体界面平整度的装置，包括边坡土体、钻孔、钻孔孔壁、旋转喷嘴、记浆栓、滑槽套管、滑杆、滑架；钻孔孔径略小于滑槽套管管径，旋转喷嘴位于滑杆的底端与滑杆连接且紧邻孔壁，滑架底端的滚珠可在套管的滑槽内自由滑动，滑架兼做锚杆定位架，滑杆贯穿于滑架套孔，记浆栓位于滑槽套管底端，与其连接，可控制注浆量。其测试布置图如图 2-14 所示。

具体实施过程为：

① 首先通过钻机，沿坡面在边坡土体 1 中锚杆的安设位置钻取钻孔 2；

② 将滑杆 7 插入滑架 8 的套孔，使其位于滑槽套管 6 内，将滑槽套管 6 植入钻孔 2 中；

③ 然后旋转喷嘴 4 绕滑杆 7 进行 360°旋转并沿钻孔孔壁 3 均匀喷射水泥砂浆，

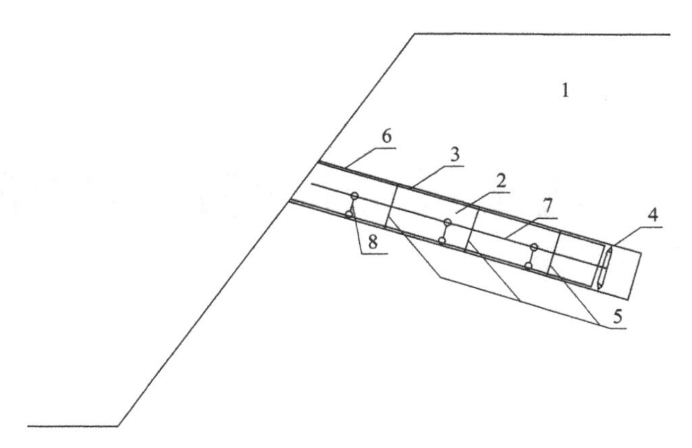

图 2-14 锚杆灌浆体界面平整度装置的结构示意图

1—边坡土体；2—钻孔；3—钻孔孔壁；4—旋转喷嘴；5—记浆栓；6—滑槽套管；7—滑杆；8—滑架

形成浆体薄膜，喷浆的同时连同滑杆 7 和滑槽套管 6 匀速移出钻孔 2；

④ 待砂浆终凝后，使滑槽套管 6 植入钻孔 2 中，再插入锚杆，并通过滑架 8 的套孔固定；

⑤ 再按设计的注浆压力要求灌注砂浆，灌注砂浆的同时移出滑槽套管 6。

第3章 土体蠕变对土锚结构的力学特性与时效可靠度

蠕变是外载应力恒定时，变形随时间发展的规律。蠕变的研究最先在金属材料中，以线性蠕变为主，而锚固结果岩土材料蠕变特性的研究只有大约50年的历史。因土体中分布着大量的孔隙，在锚固荷载作用下，孔隙容易变形，体积发生变化，产生明显的蠕变特征，这与金属材料的蠕动变形有明显的区别，且土体的蠕变变形还具有加速变形的非线性特征。同时，土体的蠕变变形对受锚土体的抗剪强度弱化、预应力损失、土锚结构承载力的降低也有着重要的影响。

3.1 土锚结构的蠕变特性

3.1.1 锚固结构的蠕变影响

(1) 土体蠕变锚固失效过程

蠕变是土体、砂浆材料固有的力学属性，应力对蠕变的影响很明显。在土锚结构中，因杆体与砂浆锚固体的强度均大于土体，在剪切力作用下，土体最容易产生较大的剪切变形，而杆体与砂浆锚固体的变形则较小。因此，在砂浆与土体界面和周围土体会优先形成剪切滑移面而发生破坏，该剪切面上的滑移稳定性往往是以杆体传递的剪应力与土体黏结强度的比值为判据，当传递的剪应力小于土体砂浆的黏结强度时，锚固结构稳定，反则产生剪切脱黏破坏。同时，在蠕变分析中，当剪应力未达到锚土界面的黏结强度和土体的长期抗剪强度时，受锚土体会发生衰减蠕变和稳定蠕变，最后变形趋于稳定，反之则发生大变形，甚至加速蠕变，最终导致锚固失效[76]。

（2）锚索桩挡土结构的蠕变特性

锚索桩是土体-锚索-桩体的组合结构，具有承载能力大、环境适应能力强，还能够加固土体的深层滑动的特点，是治理岩土体滑坡最常用、最有效的加固措施。锚索桩通常埋置于地下一定深度，再通过锚索预应力、桩体自身强度和岩土体的自承载能力抵抗桩后岩土压力，阻止边坡土体的滑动变形，其中预加的索力能抵抗土体推力对土体加变形的影响，锚索桩加固土体如图 3-1 所示。

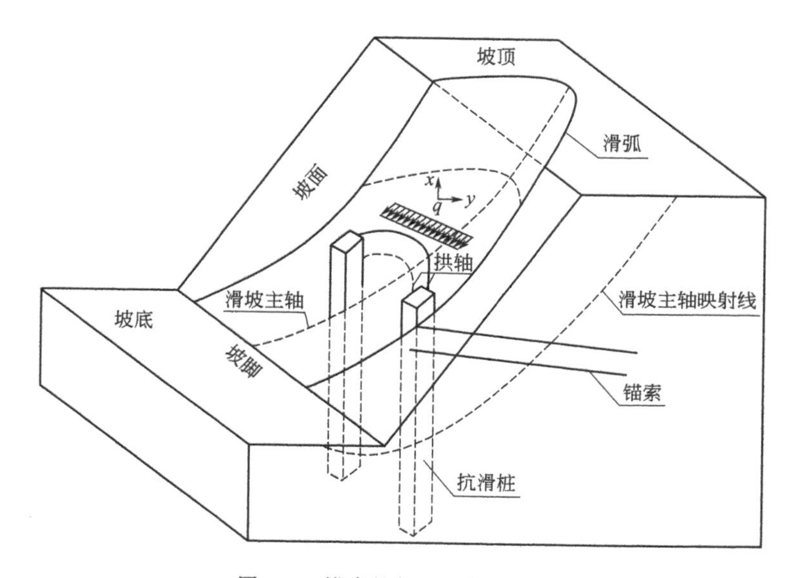

图 3-1　锚索桩加固土体的示意

然而，在土体介质蠕变变形过程中，索力因松弛其锚固力也会随时间不断调整，于是土体的蠕变应力也会不断发生变化，土体变形进一步调整，即土体蠕变与锚索预应力损失的耦合作用。因此工程实际中，应对锚索需进行多次拉拔锁定。

（3）锚杆挡土墙支挡结构的蠕变特性

锚杆挡土墙主要是通过锚杆预应力来抵抗边坡的滑坡推力使边坡整体稳定。当土体的剪应力较小时，受锚边坡的土体呈现蠕动滑动和整体变形阶段；当土体的剪应力较大时，边坡呈现加速变形和整体失稳阶段，受挡边坡的变形特征如图 3-2 所示。

3.1.2　土体蠕变对锚固力的影响

（1）蠕变效应的锚固力

锚杆加固土体主要是通过锚头预应力荷载传递到砂浆锚固体，再通过砂浆锚固体继续传递给周围土层来控制土体的变形，因此锚固力的发挥决定了土锚结构的承

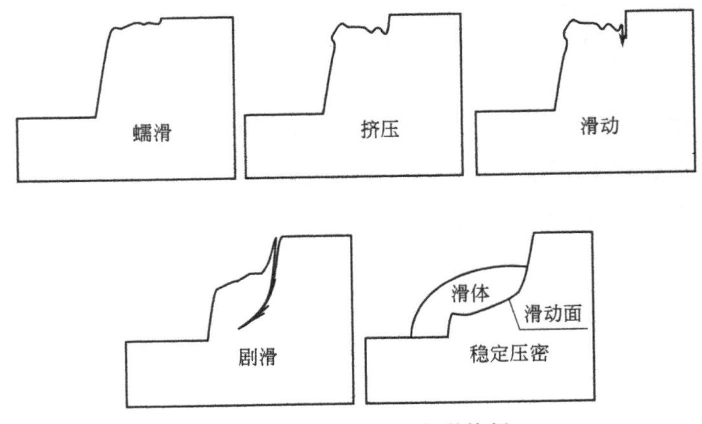

图 3-2　受挡边坡的变形特征

载能力。土锚结构中，锚固力主要体现在界面的黏结强度，由于钢筋杆体与砂浆的黏结强度远远大于砂浆与土体的黏结强度，于是锚固失效往往发生在锚土界面的脱黏而出现的剪切破坏，即锚固力丧失的过程[77]。锚杆加固土质边坡大都为永久性工程，土体蠕变势必对锚土界面黏结强度的发挥产生重要影响，一旦锚土界面的剪应力超过黏结强度，在过应力作用下，会使锚固层土体产生加速剪切滑移，造成锚固失效边坡失稳破坏。

大量试验证明，锚土界面的剪应力为非线性分布，在锚固段顶端剪应力较大，沿底端逐渐降低甚至为零，依据本书参考文献［78］剪应力的指数分布来进行锚固力的时效性研究，其特征如图 2-7 所示。

根据土锚结构锚固力的定义有

$$\sigma_s=\int_0^{L_a}\tau(x)\pi D\mathrm{d}x \tag{3-1}$$

结合锚固结构的荷载传递和锚固材料的位移特征，通过锚土界面黏结强度承载特性，得到受锚土体的锚固力为

$$T=\int_0^{L_a}\frac{AK\varepsilon_s(t)}{d_g}\exp[B(x/d_g)]\pi D\mathrm{d}x \tag{3-2}$$

（2）锚固力的动态测定

大量工程实例显示，锚固失效往往是在砂浆锚固体与岩土界面优先形成剪切滑移而破坏，特别在土体施工开挖过程中土锚结构最为常见。土体锚固机理主要是通过杆体荷载传递来补偿开挖卸荷带荷载，使应力重分布后再达到新的平衡而稳定。在理论研究中，通常假定土锚结构介质材料是均质、连续、各向同性等，且在锚固服役期内材料的物理力学参数是不变化的，而很少考虑锚固脱黏、锚土界面相对位移和动态锚固力衰减等对锚固参数和锚固效果的影响而造成的锚固失效事故屡见不鲜，同时涉及锚固脱黏、锚土界面相对位移和动态锚固力监测检测方法的专利案例

也尚不多见，并且在锚固工程设计和施工过程中仍然采用经验或半经验法，这样对锚固效果和注浆补强很难做出定量评价，加上工程上锚固力的测试大都采用锚杆应力计、声波探测、光纤位移传感技术，甚至进行的是破坏性试验，且大部分试验结果也是得到的瞬时值，锚固长度也是通过烦琐计算根据塑性区范围来确定，该类方法不仅技术难度高、成本高而且环境要求也较高等，因此脱黏长度和锚固力的动态变化是一个技术难题，尚缺简便可行的解决办法。

结合本书 2.2.1 节脱黏位移的动态测定方法，基于锚土界面优势剪切破坏特征，根据杆体与锚固体完全耦合时锚固体的总位移组成、锚土界面剪应力指数衰减特征及其滑移失效评定，确定锚固结构脱黏长度变化值，再进一步得到动态锚固力，其动态锚固力的测定流程如图 3-3 所示。

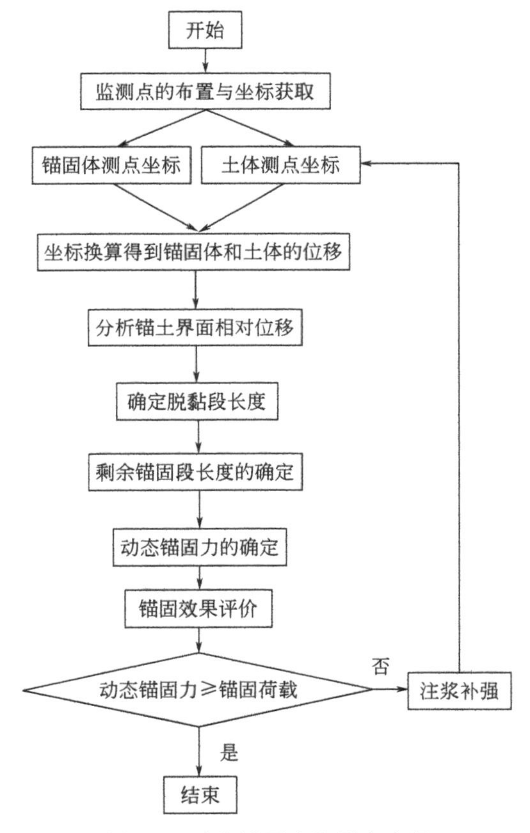

图 3-3　动态锚固力的测定流程

(3) 蠕变位移和动态锚固力测定的算例

以某锚杆加固土质边坡工程实施为例，进一步详细描述动态锚固力测定的技术方案。锚杆加固边坡断面如图 3-4 所示。该土锚工程为均质土质边坡加固，边坡高度为 11m，边坡坡率为 1∶1.2，考虑抗拔安全所需锚固荷载为 120kN。根据《土层锚杆设计与施工规范》(CECS 22∶90)，锚杆垂直间距不宜小于 2.5m，锚杆水平方向间距不宜小于 2.0m。因此将该边坡采用三层锚杆加固，锚杆长度为 10m，安设倾角为 20°，采用全长黏结式锚固方案，土锚结构的物理力学参数如表 3-1 所示，位移监测数据如表 3-2 所示。

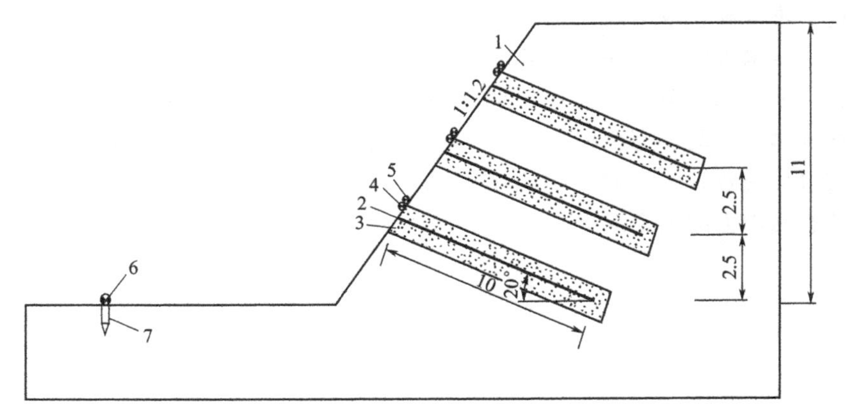

图 3-4　锚杆加固边坡断面（单位：m）

1—土体；2—杆体；3—锚固体；4—锚固体位移监测点；5—土体位移监测点；6—基准点；7—基桩

表 3-1　土锚结构的物理力学参数

土体						锚固结构			
含水量/%	容重/(kN/m³)	泊松比	弹性模量/MPa	黏结力/kPa	内摩擦角/(°)	锚孔直径/mm	锚杆直径/mm	黏结强度/kPa	砂浆强度/MPa
15.5	17.9	0.34	15.7	21	11	110	28	42	30

表 3-2　位移监测数据

锚固体位移 s_T/mm	1.0	2.0	3.0	4.0	5.0	6.0	7.0	8.0	9.0
土体位移/mm	1.0	2.0	3.0	4.0	5.0	6.0	6.9	7.8	8.7
相对剪切位移 s_s/mm	—	—	—	—	—	—	0.1	0.2	0.3
脱黏段长度 L_s/m	—	—	—	—	—	—	0.09	0.12	0.16
锚固体位移 s_T/mm	10.0	11.0	12.0	13.0	14.0	15.0	16.0	—	—
土体位移/mm	9.6	10.3	11.1	11.6	12.1	12.7	13.2	—	—
相对剪切位移 s_s/mm	0.4	0.7	0.9	1.4	1.9	2.3	2.8	—	—
脱黏段长度 L_s/m	0.20	0.25	0.32	0.42	0.92	1.47	2.2	—	—

以锚固体顶端中心为原点，沿锚固体轴向及其垂直方向为坐标轴，建立局部直角坐标系；再通过 GPS 测量系统获得基准点与位移布置点的坐标，经过换算分别得到锚固体与土体的轴向位移。

通过位移监测，结合锚固体及其靠近的受锚土体坐标的实时变化值可知：

① 锚固体总位移 $s_T=6.0$mm 以前，没有发生脱黏；

② 当锚固体总位移 s_T达到 7.0mm 时，发生了相对剪切位移 $s_s=0.1$mm，再依次可以得到其他锚固体总位移 s_T所对应的相对剪切位移值，如表 3-2 所示；

③ 当锚固体总位移 s_T达到 16.0mm 时，相对剪切位移 $s_s=2.8$mm，已出现了明显的滑移现象。

根据③中相对剪切位移值 $s_s=2.8$mm，结合锚固力定义计算得到此时脱黏段长度 $L_s=2.2$m。

剩余锚固长度 L_r等于锚固段长度 L_a与脱黏段长度 L_s的差值，其计算公式为式(2-26)。具体数值如表 3-2 所示。

根据工程锚固要求，得到动态锚固力。

① 最初锚固力

$$N=3.14\times0.11\times10\times42=145(\mathrm{kN})$$

② 当脱黏段长度 $L_s=1.47$m 时的锚固力

$$N=3.14\times0.11\times8.53\times42=123(\mathrm{kN})$$

③ 当脱黏段长度 $L_s=2.2$m 时的锚固力

$$N=3.14\times0.11\times7.8\times42=113(\mathrm{kN})$$

因此，当锚杆的总位移 s_T达到 16.0mm 时，脱黏段长度 $L_s=2.2$m，锚固力 $N=113\mathrm{kN}<120\ \mathrm{kN}$，锚固已失效，尚需进行注浆补强，补注长度为 2.2m。

本动态锚固力测定的算例能够有效对锚固力动态监测、锚固效果评价和锚固补强，减少灾害，且监测与计算过程明确、操作简便、环境适应性强、成本低，克服了锚固力固定及其复杂的动态监测技术和补强注浆量依靠经验的问题，体现了较好的理论意义和经济价值，从而能更好地指导实践。

3.2 土锚结构的蠕变模型

从土体材料蠕变变形的唯现象考虑，蠕变模型一般有两类：一类为蠕变元件组合的物理模型；另一类为基于数学解析式的经验模型。其中，蠕变元件主要为弹性元件、黏性元件和塑性元件，为线性蠕变元件，而经验模型可以反映非线性蠕变。根据土体的蠕变变形特点和破坏模式，将三种元件进行串并联组合来建立蠕变模型。

3.2.1 元件模型

（1）线性蠕变模型[78,79]

根据土锚结构中土体的变形特征，土体的总变形由瞬间弹性、黏弹性、黏塑性变形组成，可得到如下位移关系式[80,81]：

$$\varepsilon=\varepsilon_{e}+\varepsilon_{ve}+\varepsilon_{vp} \tag{3-3}$$

式中 ε——土体的总变形；

ε_{e}——瞬时弹性变形；

ε_{ve}——黏弹性变形；

ε_{vp}——黏塑性变形。

在土体蠕变土锚结构蠕变应力耦合分析时，通常采用本书参考文献［79］中的线性蠕变分析模型，土体与锚索耦合模型如图 3-5 所示。

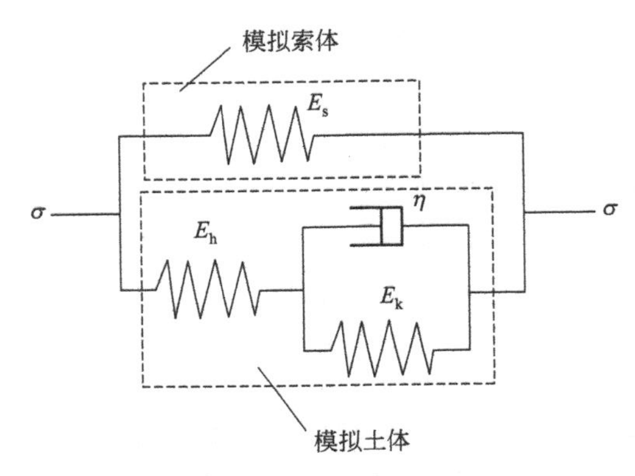

图 3-5　土体与锚索耦合模型

σ—蠕变应力；E_s，E_h—弹性系数；E_k—黏弹性系数；η—黏性系数

通过弹性元件模拟杆（索）体，三元件模型模拟土体的蠕变变形。

土锚挡土结构的蠕变求解是一个很复杂的问题，一般先进行一维本构关系的分析，根据单轴试验和实测曲线进行参数辨识，再推广为二维或三维形式。在小变形范围内，黏弹性问题与弹性问题只是本构关系不同，其平衡方程、几何关系及边界条件完全相同，因此可以借鉴弹性理论来求解黏弹性问题。

黏弹性对应性原理是指由弹性理论知识解出应力、应变和位移所必须满足的微分型或积分型基本方程组，经拉普拉斯变换后形成线弹性力学问题相似的代数方程组，从而根据对应关系将黏弹性问题转化为线弹性问题进行求解，然后在相空间中进行拉普拉斯逆变换，即可得到同一问题的黏弹性解，这样大大简化了黏弹性问题的求解过程，这一过程可用图 3-6 描述[82]。

当采用微分型本构方程描述黏弹性体时，其应力、应变和位移所必须满足的基本方程组如下。

平衡方程：

$$\sigma_{ij,j}+F_{i}=0 \tag{3-4}$$

式中 F_{i}——体积力。

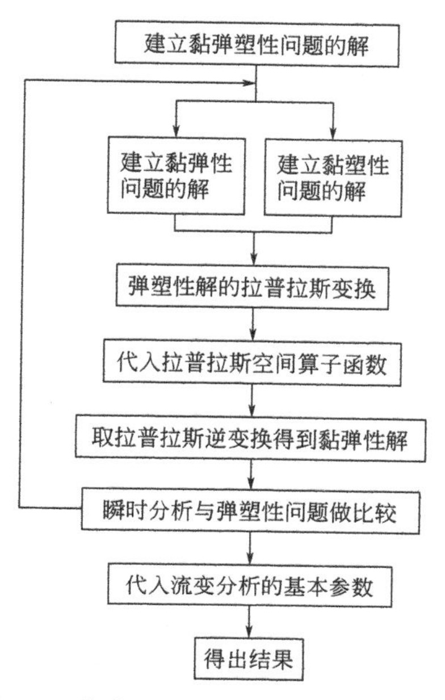

图 3-6　黏弹塑性问题的对应性求解过程

边界条件：

$$\begin{cases} \sigma_{ij} n_j = T_i & (\text{在 } S_\sigma \text{ 应力边界上}) \\ u_i = u_i^0 & (\text{在 } S_u \text{ 位移边界上}) \end{cases} \tag{3-5}$$

式中　T_i——面积力。

几何方程：

$$\varepsilon_{ij} = \frac{1}{2}(u_{i,j} + u_{j,i}) \quad (\text{在给定的边值问题 } V \text{ 区域上}) \tag{3-6}$$

本构方程：

$$\begin{cases} S_{ij} = 2Ge_{ij} \\ \sigma_{ij} = 3K\varepsilon_{ij} \end{cases} \tag{3-7}$$

以上式中　S_{ij}，e_{ij}——分别为 σ_{ij} 和 ε_{ij} 的偏张量分量；

G——剪切模量；

K——体积模量。

对式(3-4)～式(3-7) 各式进行单边拉普拉斯变换可得以下各式。[83]

平衡方程：

$$\tilde{\sigma}_{ij,j} + \tilde{F}_i = 0 \tag{3-8}$$

边界条件：

$$\begin{cases} \tilde{\sigma}_{ij} n_j = \tilde{T}_i & (\text{在 } S_\sigma \text{ 应力边界上}) \\ \tilde{u}_i = \tilde{u}_i & (\text{在 } S_u \text{ 位移边界上}) \end{cases} \tag{3-9}$$

几何方程：

$$\tilde{\varepsilon}_{ij}=\frac{1}{2}[\tilde{u}_{i,j}+\tilde{u}_{j,i}] \tag{3-10}$$

本构方程：

$$\begin{cases}\tilde{e}_{ij}=\dfrac{\tilde{S}_{ij}}{2E_2}\\ \tilde{\varepsilon}_{kk}=\dfrac{\tilde{\sigma}_{kk}}{3K}\end{cases} \tag{3-11}$$

比较式(3-8)～式(3-11)可见，变换后的黏弹性方程与线弹性方程完全相同，只不过要采用新的体力 $\tilde{F}_i$、面力 $\tilde{T}_i$ 及新的指定位移 $\tilde{u}_i^0$。对此弹性力学问题的解进行拉普拉斯逆变换，就得到原黏弹性问题的解。

(2) 非线性蠕变模型[84]

① 土体的非线性蠕变特性[85]　大量试验研究表明，土体是由矿物颗粒、孔隙和孔隙水组成的多相结构物，其流变变形表现出明显的非线性特性，而是一种非线性流变体。因此，若只用线性流变理论来研究土的流变问题必定会与实际情况有偏差，应该改用非线性流变理论来研究土体的流变问题。典型的蠕变与等时曲线如图 3-7 所示。

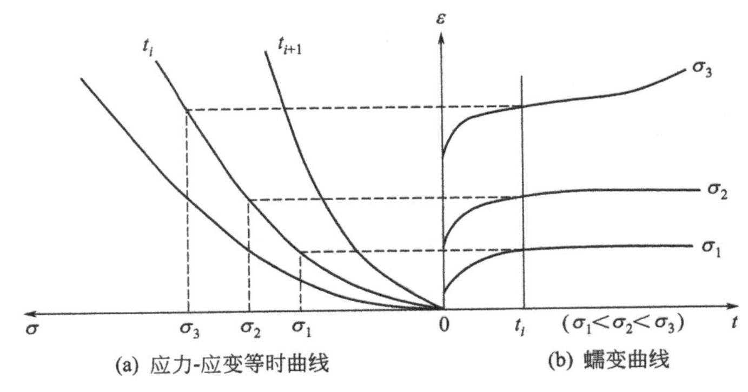

图 3-7　蠕变与等时曲线

从图 3-7 可以看出，不同时刻和不同应力条件下的应力-应变等时曲线和蠕变曲线是不同的，均呈现非线性，说明土体的流变是非线性的。随着时间的延续，黏性变形的发展导致应力-应变等时曲线向应变轴逐渐靠拢；而且应力水平越高，应力-应变等时曲线偏离直线的程度越大，说明非线性程度随应力水平的提高而增强；另外，随着时间的增长，应力-应变等时曲线偏离直线的程度增加，说明非线性程度亦随时间的增长而增强。这些现象是可以直接从蠕变曲线及应力-应变等时曲线上得到材料非线性流变的基本特性[86]，已被广泛应用。

然而，现行的模型理论大多只限于讨论线性流变问题，若要用模型理论的优点来分析非线性流变问题的话，通常的方法是用非线性元件来替代模型中的线性元件，这样最终得到的非线性流变本构模型不仅能描述衰减蠕变和等速蠕变，而且还能描述加速蠕变，而线性理论是不能描述加速蠕变的。目前，试验方法得到的经验本构关系一般都是非线性的。因为非线性问题的复杂性，其本构方程、平衡方程、几何关系和边界条件与弹性问题的求解均不相同，因此在线性流变问题中适用的对应性原理在非线性流变问题中已不再适用，并且非线性流变问题一般都无法得到解析解，因此，对非线性流变问题大多只采用数值解。在非线性流变数值解中，一般采用增量迭代法，用一系列的线性流变来逼近非线性流变，得到非线性问题的流变解。

众所周知，蠕变分为稳定蠕变和非稳定蠕变两大类。稳定蠕变是变形随时间的增加而变化，但最终蠕变速率趋于零，变形趋于某一稳定值，一般不会发生蠕变破坏。非稳定蠕变变形随时间持续而不断发展，蠕变曲线呈现明显的蠕变三阶段过程，即衰减蠕变、等速蠕变和加速蠕变，最终导致破坏，在研究中常用非线性蠕变理论来解答。

非线性流变体的主要特征表现为应力-应变和应力-应变速率呈非线性关系，蠕变柔量和黏滞系数不仅是时间的函数，还应与应力水平有关，在蠕变等时曲线中不再是直线或折线，而是一簇曲线，反映该曲线在同一时刻不同应力水平下的蠕应变值与所受的应力不再满足正比关系。在低应力作用下，黏滞系数随施加的应力增加而增加，随延续时间的增加亦增加；在高应力作用下，黏滞系数随施加的应力增加而减小，随延续时间的增加也减小。鉴于上述特征，得出了应力、应变率和黏滞系数的非线性关系曲线图，如图 3-8 所示。

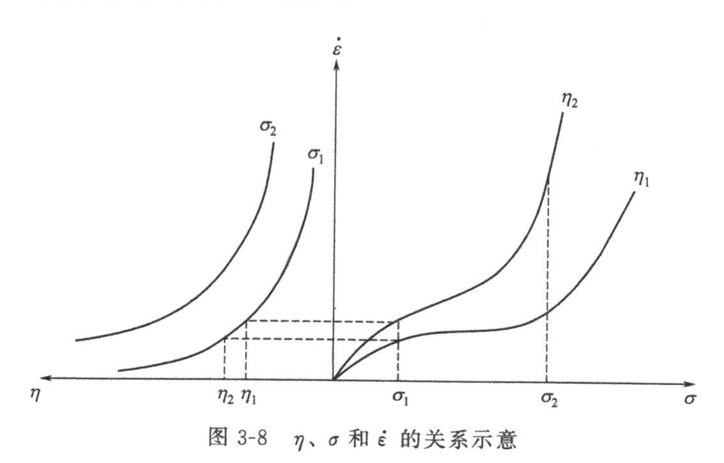

图 3-8 η、σ 和 $\dot{\varepsilon}$ 的关系示意

依据黏性元件有

$$\sigma=\eta\dot{\varepsilon} \tag{3-12}$$

弹性力学应力与应变关系

$$E\varepsilon=\eta\dot{\varepsilon} \tag{3-13}$$

Mohr-Coulomb 剪切准则

$$\tau=\sigma\tan\varphi+c \tag{3-14}$$

由式(3-12)～式(3-14) 得到

$$\varepsilon=\frac{\tau-c}{E\tan\varphi} \tag{3-15}$$

将式(3-13) 分离变量得积分方程

$$E\int\frac{1}{\eta}\mathrm{d}t=\int\frac{1}{\varepsilon}\mathrm{d}\varepsilon \tag{3-16}$$

借用本书参考文献［87］中黏滞系数的关系式，即在剪应力一定的情况下，黏滞系数 η 与时间 t 满足线性关系，在这里令

$$\eta=at+b \tag{3-17}$$

式中　a，b——试验参数。

结合式(3-16) 和式(3-17)，去掉积分符号得

$$\frac{E}{a}\ln(at+b)=\ln\varepsilon \tag{3-18}$$

将黏滞系数带入式(3-18) 得

$$\frac{Et}{\eta-b}\ln\eta=\ln\frac{\tau-c}{E\tan\varphi} \tag{3-19}$$

去掉对数符号得

$$\eta^{\frac{1}{\eta-b}}=\left(\frac{\tau-c}{E\tan\varphi}\right)^{\frac{1}{Et}} \tag{3-20}$$

很明显，黏滞系数 η 与土体材料本身特性和荷载条件及时间密切相关，并且对边坡的稳定性、地基承载力和土压力等也有明显的影响，在解析中可以用迭代法进行求解。但是，该黏滞系数只能反映蠕变的前两个阶段。

② 土体蠕变的土锚挡土结构蠕变模型　土锚挡土结构是通过锚杆将结构与土体紧密连接，在土压力、滑坡推力和锚杆拉拔荷载作用下，会使土体产生非线性加速剪切破坏。根据本书参考文献［88］中土体蠕变试验结果：当土体进入加速蠕变时，其剪切蠕变速率随时间会发生突变。因此这里运用 Mohr-Coulomb 塑性剪切准则，对传统的线性西原蠕变模型进行改进，并结合本书参考文献［89］中黏滞系数与应变率的非线性试验拟合曲线，引入非线性塑性元件 M-C，再将该非线性塑性元件 M-C 和非线性黏性元件 $\eta_2(\sigma, t)$ 并联，来反映土体三阶段的加速蠕变特征，有其优越性。改进的非线性西原蠕变模型如图 3-9 所示[53]。

③ 土锚结构蠕变的非线性蠕变模型　目前，在预应力损失与岩土体蠕变研究中，诸多学者将岩土体蠕变模型描述为经典的广义开尔文体模型，通过弹簧单元来模拟杆（索）体，并将开尔文体与弹性元件并联来模拟杆（索）体与岩土体的蠕变分析，可是该模型没有体现锚固失效的加速破坏特征。实际上，在锚固结构失效过程中，锚固土体已出现了不同程度的剪切破坏，甚至在界面处还产生位移突变，而

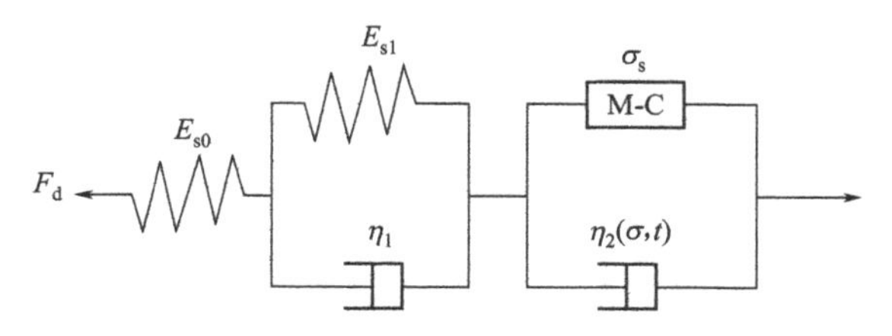

图 3-9 改进的非线性西原蠕变模型

E_{s0}，E_{s1}—分别为土体的瞬时弹模和黏弹模量；η_1，$\eta_2(\sigma, t)$—分别为土体的黏弹系数和黏塑系数；F_d—风致弯矩和自重引起的蠕变荷载

广义开尔文体不能反映加速蠕变和屈服特征，加上土体强度明显小于杆体强度，因此在锚固失效过程中往往是土体首先出现较大变形发生屈服破坏而脱黏，为此笔者根据土锚结构各组件的位移特点，添加了 M-C 剪切塑性元件来模拟土体的加速蠕变特性，并体现了土锚结构蠕变三阶段特征，采用的蠕变元件模型如图 3-10 所示。

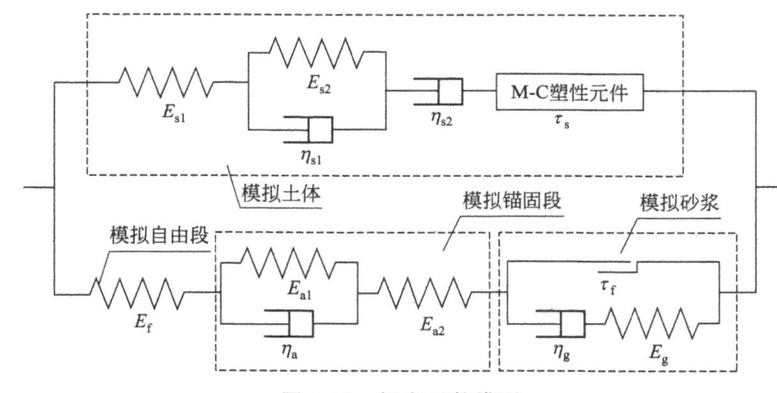

图 3-10 蠕变元件模型

E_{s1}，E_{s2}，η_{s1}，η_{s2}，τ_s—分别为模拟土体蠕变的弹性模量、黏弹性模量、黏弹性系数、黏性系数和剪切屈服强度；E_f—模拟锚杆自由段的弹性模量；E_{a1}，E_{a2}，η_a—分别为模拟锚杆锚固段的黏弹性模量、黏弹性系数和黏性系数；E_g，η_g，τ_f—分别为模拟砂浆的弹性模量、黏弹性模量、剪切屈服强度

3.2.2 蠕变方程

蠕变研究主要是根据试验参数获取各种方程，为便于进行杆体、砂浆和土体的蠕变分析，做以下简化与假设：

① 土体为均质、各向同性的多孔介质材料；

② 蠕变应力来自锚固荷载的传递，不考虑锁定时预应力损失和自由段的应力松弛，以及蠕变应力和塑性屈服应力的时间改变，且不计土体自重。

（1）图 3-5 的线性蠕变方程

图 3-5 的蠕变模型是由常规的蠕变元件组成，因此该模型是一种典型的线性蠕变模型。根据并联模型的应力叠加规律得到

$$\sigma=\frac{E_h^2\varepsilon_c}{E_h+E_k}\exp(-Ut)+\frac{V}{U}\varepsilon_c \tag{3-21}$$

$$U=\frac{E_h+E_k}{\eta}$$

$$V=\frac{E_hE_k+E_hE_s+E_kE_s}{\eta}$$

$$\varepsilon_c=\varepsilon_{Eh}+\varepsilon_{Ek}+\varepsilon_{M\text{-}C}$$

$$\varepsilon_{M\text{-}C}=\int\eta\left[\frac{-\frac{1}{2}\sigma_s+\frac{1}{2}\sigma_s\sin\varphi_0+c\cos\varphi_0}{F_0}\right]\left(-\frac{1}{2}+\frac{1}{2}\sin\varphi_0\right)\mathrm{d}t$$

式中 σ——锚杆应力；

E_h——土体瞬时弹性模量；

E_k——土体黏弹性模量；

E_s——杆体的有效弹性模量；

η——土体黏滞系数；

ε_c——锚固结构的蠕变应变；

F_0——土体屈服强度初始参考值。

（2）图 3-9 的非线性蠕变方程

图 3-9 的蠕变模型是对西原模型的一种改进，用 M-C 元件取代了经典的塑性元件，反映了土体具有塑性屈服而发生加速蠕变位移特征。同时，黏性系数 $\eta_2(t, \sigma)$ 也非常量，与应力和时间相关，因此该改进的西原模型是一种非线性蠕变模型，其应变率为

$$\dot{\varepsilon}=\frac{\sigma}{\langle\eta_2(t,\sigma)\rangle}\left(\frac{\sigma}{\sigma_s}\right)^n \tag{3-22}$$

式中 $\dot{\varepsilon}$——土锚结构挡土结构中土体的剪应变率；

$\langle\eta_2(t, \sigma)\rangle$——土体非线性黏性系数的开关函数；

n——蠕变试验指数；

t——土体的蠕变时间。

在土体剪切屈服过程中，$\langle\eta_2(t, \sigma)\rangle$ 可做以下分析：

① 当 $\sigma<\sigma_s$ 时，$\langle\eta_2(t, \sigma)\rangle=\infty$；

② 当 $\sigma\geqslant\sigma_s$ 时，$\langle\eta_2(t, \sigma)\rangle=At\left(\ln\frac{t_0}{t}+1\right)+B\left[\arctan\left(\ln\frac{\sigma}{\sigma_f}\right)+\frac{\pi}{2}\right]$。

式中 σ_f——土体的剪切强度；

t_0——加速蠕变的起始时间；

A，B——蠕变参数，可以从全程蠕变曲线中，运用分段二乘技术获得。

通过求解黏性系数 $\eta_2(\sigma, t)$ 对蠕变应力 σ 和蠕变时间 t 的偏导关系，可呈现 $\eta_2(\sigma, t)$ 的非线性蠕黏特征，分以下两种情况。

① $\eta_2(\sigma, t)$ 对时间 t 的偏导数

$$\frac{\partial \eta_2}{\partial t} = A\ln\frac{t_0}{t} < 0 \quad t < t_0 \tag{3-23}$$

$$\frac{\partial \eta_2}{\partial t} = A\ln\frac{t_0}{t} > 0 \quad t \geqslant t_0 \tag{3-24}$$

② $\eta_2(\sigma, t)$ 对蠕变应力 σ 的偏导数

$$\frac{\partial \eta_2}{\partial \sigma} = \frac{B}{\sigma\left[1+\left(\frac{\ln\sigma}{\ln\sigma'_t}\right)^2\right]} < 0 \quad \sigma < \sigma'_t \tag{3-25}$$

$$\frac{\partial \eta_2}{\partial \sigma} = \frac{B}{\sigma\left[1+\left(\frac{\ln\sigma}{\ln\sigma'_t}\right)^2\right]} > 0 \quad \sigma \geqslant \sigma'_t \tag{3-26}$$

由式(3-3) 可以得到变形的增量关系：

$$d\varepsilon = d\varepsilon^{e} + d\varepsilon^{ve} + d\varepsilon^{vp} \tag{3-27}$$

其变化率为

$$\dot{\varepsilon} = \dot{\varepsilon}^{e} + \dot{\varepsilon}^{ve} + \dot{\varepsilon}^{vp} + \dot{\varepsilon}^{s} \tag{3-28}$$

式中，变量上方的圆点表示应变量随时间的变化率。

由蠕变理论可知，土体的黏弹应变率 $\dot{\varepsilon}_i^{ve}$ 为

$$\dot{\varepsilon}_i^{ve} = \frac{1}{\eta_1}[V_0]\sigma_i - \frac{E_1}{\eta_1}\varepsilon_i^{ve} \tag{3-29}$$

由时间积分格式进一步得到 t_n 时刻黏弹应变增量

$$\left\{\Delta\varepsilon_i^{ve}\right\}_n = \Delta t_n\left[\left(1-\xi\frac{E_1\Delta t_n}{\eta_1}\right)\left\{\dot{\varepsilon}_i^{ve}\right\}_n + \frac{\xi\Delta t_n}{\eta_1}[V_0]\right]\left\{\dot{\sigma}_i\right\}_n \tag{3-30}$$

根据 Mohr-Coulomb 塑性屈服条件，可以得到土体的黏塑应变率 $\dot{\varepsilon}_i^{vp}$ 为

$$\dot{\varepsilon}_i^{vp} = \frac{1}{\eta_2(t,\sigma)}\langle\varphi\left(\frac{F}{F_0}\right)\rangle\frac{\partial Q}{\partial\sigma_i} \tag{3-31}$$

结合式(3-30) 和式(3-31)，进一步得到 t_n 时刻黏塑应变增量

$$\{\Delta\varepsilon_i^{vp}\}_n = \Delta t_n[\{\dot{\varepsilon}_i^{vp}\}_n + \theta\{\dot{\sigma}_i\}_n\Delta t_n] \tag{3-32}$$

$$t_{n+1} = t_n + \Delta t_n \tag{3-33}$$

以上式中　$[V_0]$——土体的泊松比阵；

F——剪切屈服条件；

F_0——初始屈服参数；

$\langle\varphi\left(\frac{F}{F_0}\right)\rangle$——屈服条件的开关函数；

Q——势函数；

$\xi(0<\theta\leqslant 1)$——蠕变时间因子；

$\{\dot{\varepsilon}_i^{ve}\}_n$、$\{\dot{\varepsilon}_i^{vp}\}_n$——$t_n$时刻土体的应变率；

t_0——加速蠕变的起始时间。

最后进一步得到土体加速破坏的时间 t_{FP} 为

$$t_{FP}=t_0+\frac{1}{[a(\sigma-\sigma_s)]^n} \tag{3-34}$$

进一步变形得

$$t_{FP}=t_0+\frac{1}{\left\{m\left\{\int_{L_r}^{L_a}\frac{AK\varepsilon_0(t)}{d_g}\exp[B(x_r/d_g)]\pi D\mathrm{d}x-\tau_0\right\}\right\}^n} \tag{3-35}$$

(3) 图 3-10 的非线性的蠕变方程

根据蠕变力学知识，从图 3-10 中可以分别得到锚杆锚固段、砂浆和土体的蠕变方程。

① 锚杆锚固段蠕变方程

$$\varepsilon_a(t)=\frac{E_{a1}+E_{a2}}{E_{a1}E_{a2}}-\frac{1}{E_{a1}}\mathrm{e}^{-\frac{E_{a1}}{\eta_a}t} \tag{3-36}$$

② 砂浆蠕变方程

$$\varepsilon_g(t)=\begin{cases}\sigma_g\left(\dfrac{1}{E_g}+\dfrac{t}{\eta_g}\right) & (\tau<\tau_g)\\(\sigma''-\sigma_g)\left(\dfrac{1}{E_g}+\dfrac{t}{\eta_g}\right) & (\tau\geqslant\tau_g)\end{cases} \tag{3-37}$$

③ 土体蠕变方程

$$\varepsilon_s(t)=\begin{cases}\sigma_s\left[\dfrac{t}{\eta_{s2}}+\dfrac{1}{E_{s1}}+\dfrac{1}{E_{s2}}\left(1-\mathrm{e}^{-\frac{E_{s2}}{\eta_{s1}}t}\right)\right] & (\tau<\tau_s)\\\sigma_s\left[\dfrac{t}{\eta_{s2}}+\dfrac{1}{E_{s1}}+\dfrac{1}{E_{s2}}\left(1-\mathrm{e}^{-\frac{E_{s2}}{\eta_{s1}}t}\right)\right]+\varepsilon_{M\text{-}C} & (\tau\geqslant\tau_s)\end{cases} \tag{3-38}$$

$$\sigma_s=\int_0^{L_a}\tau(x)\pi D\mathrm{d}x \tag{3-39}$$

式中 E_{s1}，E_{s2}，η_{s1}，η_{s2}，τ_s——分别为模拟土体蠕变的弹性模量、黏弹性模量、黏弹性系数、黏性系数和剪切屈服强度；

τ_g——杆体与浆体的黏结强度；

E_{a1}，E_{a2}，η_a——分别为锚杆锚固段的黏弹性模量、黏弹性系数和黏性系数；

E_g，η_g，$\sigma''-\sigma_g$——分别为模拟砂浆的弹性模量、黏弹性模量和过应力；

$\tau(x)$——锚土界面的剪应力分布；

$\varepsilon_{M\text{-}C}$——反映加速蠕变的塑性应变；

L_a——锚固段长度。

为了获得该锚固系统的蠕变模型参数，通常应用锚杆拉拔试验分别在锚固顶端砂浆锚固体及其靠近土体位置布设位移传感器，根据位移监测数据，得到不同拉力荷载作用下的蠕变曲线和位移值，结合蠕变曲线的分布特征，再运用黏弹性对应性理论和黏塑性知识，运用最小二乘技术对模型参数进行辨识取值[84,90]，因限于篇幅，该分析过程不再赘述。

3.3　土体抗剪强度的时效特性

土锚结构的失效破坏往往是由于锚土界面和土体的剪切屈服所致，而表征土体剪切强度的主要指标是黏结力 c 和内摩擦角 φ。大量试验验证，在恒定荷载作用下，土体的黏结力和内摩擦角随时间是在不断调整，且抗剪强度整体表现为减弱趋势，土体抗剪强度指标随时间的关系如图 3-11 和图 3-12 所示。因此，土体蠕变特性势必对土锚结构的稳定性产生重要的影响[71,85]。

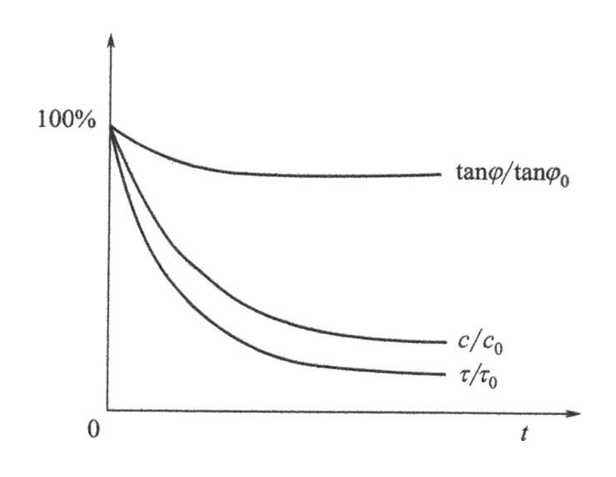

图 3-11　$\tau(t)$、$c(t)$、$\varphi(t)$ 随时间变化趋势

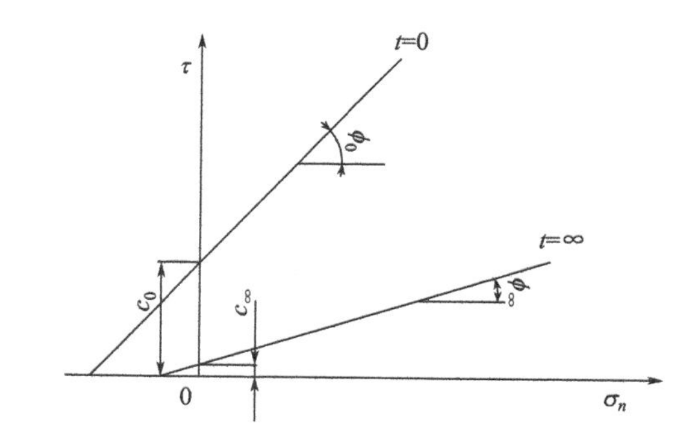

图 3-12　土体的长期抗剪强度

关于土体黏结力 c 和内摩擦角 φ 的时效变化特性及土体的初始抗剪强度和长期抗剪强度均满足 Mohr-Coulomb 剪切准则[71]

$$\tau_{0f}=\sigma\tan\varphi_0+c_0 \tag{3-40}$$

$$\tau_{\infty}=\sigma_n\tan\varphi_{\infty}+c_{\infty} \tag{3-41}$$

式中　c_0，c_{∞}——分别为土体的初始黏结力和长期黏结力；

φ_0，φ_{∞}——分别为土体的初始内摩擦角和长期内摩擦角；

τ_{0f}，τ_{∞}——分别为土体的初始抗剪强度和长期抗剪强度；

σ_n——法向应力。

结合本书参考文献［71］土体剪切蠕变实验结果：$c_{\infty}/c_0=1/8\sim1/3$，$\tan\varphi_{\infty}/\tan\varphi_0\approx1$，为便于分析抗剪强度的时效特性，选取黏结力和内摩擦角的比值分别为

$$c_{\infty}/c_0=1/5$$

$$\tan\varphi_{\infty}/\tan\varphi_0=1$$

根据土体剪切蠕变实验结果显示：t 时刻黏结力与时间呈非线性关系，书中采用幂函数形式

$$c_t/c_0=at^m+b \tag{3-42}$$

式中　c_t——时效土体的黏结力；

t——蠕变时间；

a，b——试验系数，通过蠕变试验获得；

m——经验常数。

结合定解条件：

① $t=0$，$c_t/c_0=1$；

② $t\to\infty$，$c_t/c_0=0.2$。

代入式(3-42)，可得系数 a 和 b，即 $a=0.8$，$b=0.2$。

再对式(3-42) 两边取对数，并令

$$Y=\ln c_t/c_0-0.2 \tag{3-43}$$

$$X=\ln t_t \tag{3-44}$$

结合式(3-42)、式(3-43) 和式(3-44) 进一步变形得到线性关系式

$$Y=mX+\ln0.8 \tag{3-45}$$

最后通过最小二乘技术可得到经验常数 m 的值。在解析式中，取 $m=-1$，得到土体时效黏结力的幂函数解析式

$$c_t=c_0(0.8t^{-1}+0.2) \tag{3-46}$$

3.4 锚固结构的时效可靠度分析

3.4.1 锚固参数的随机分析

锚杆加固结构属永久性结构物，长期赋存于复杂的环境中，且环境条件变化异常，加上材料物理力学参数的不确定性必然对锚固结构稳定可靠性产生重要影响，土锚结构材料物理力学指标主要包括：加固岩土体的物理力学指标，界面的黏结强度和钢筋杆体的力学指标等，其中岩土体的抗剪强度指标和锚土界面的黏结强度的

影响更为显著。土体的抗剪强度指标黏结力 c 和内摩擦角 φ 是影响其强度可靠性的重要因素，具有明显的随机性，主要来源于土体的矿物组成与颗粒构成、自然环境、应力历史、试验方法、试验水平、误差等因素的变异性，实际上，研究两指标的时间关系对锚固结构可靠度影响，往往将 c 和 φ 当作独立变量来分析问题。主要有以下几方面的原因：

① 作为独立变量不考虑两者的自相关性，这样理论推导和工程应用较简单，容易掌握，同时还将相关性随机变量转换成独立随机变量过程中，协方差矩阵和规格化正交特征向量计算很烦琐，也不易被工程界所掌握；

② 若考虑两者的相关性，学界分歧很大，有认为是负相关的，也有认为是正相关的，不利于对土体强度可靠性研究；

③ 相关系数的计算较复杂，目前仅有矩法能实现，而回归方法很难得到相关系数；

④ 当前设计规范的取值都是基于两者的标准差和变异系数进行取值，并未将相关系数考虑在内，很难进行优化设计。

锚固失效是由串联系统中子系统失效模式所导致，尤其是锚土界面和土体剪切破坏模式对其锚固失效的影响，于是采用剪切强度的发挥程度作为锚固结构稳定的评价条件，而锚固失效又是取决于最薄弱的抗剪强度区域，即该区域内土体的极值强度完全发挥，因此以子系统的失效模式 X_{mn}（$m=1$，2，3；$n=1$，2…6）为随机变量，重点考虑抗剪强度指标黏结力 c 和内摩擦角 φ，使其作为基本随机变量，采用极值Ⅲ型韦布尔分布形式，来分析受锚系统的可靠性问题。

韦布尔分布的概率密度函数为[91]

$$f(x)=\begin{cases}\dfrac{m}{a}(x-\gamma)^{m-1}\exp\left[-\dfrac{(x-\gamma)^m}{a}\right] & x\geqslant\gamma \\ 0 & x<\gamma\end{cases} \tag{3-47}$$

韦布尔分布的分布函数为

$$F(x;m,a,\gamma)=1-\exp\left\{-[(x-\gamma)/a]^m\right\} \tag{3-48}$$

式中　x——基本随机变量；

m——形状参数；

a——尺度参数；

γ——位置参数。

其中，韦布尔分布的参数采用矩法来估计，利用样本矩来估计总体矩，通过一阶、二阶和四阶矩获得参数估计的解析式，即

$$\hat{\gamma}=\frac{m_1m_4-m_2^2}{m_1-2m_2+m_4} \tag{3-49}$$

$$\hat{m}=\frac{\ln 2}{\ln[(m_1-m_2)/(m_2-m_4)]} \tag{3-50}$$

$$\hat{a}=(m_1-\hat{\gamma})\Gamma(1+1/\hat{m}) \tag{3-51}$$

其中，$m_i=\sum_{j=0}^{n-1}(1-j/n)^i(x_{j+1}-x_j)$，$x_0=0$，$i=1$，2，4。

3.4.2 JC法的基本原理与时效可靠度的计算

（1）JC法的基本原理

JC法是20世纪70年代末，由R. Rackwitz和B. Fiessler基于独立的非正态随机变量提出的，被国际安全度联合委员会（JCSS）推荐使用。JC方法是一种改进的一次二阶矩法，是基于随机变量均值的线性化点改在结构最大可能失效概率所对应的设计验算点上，以克服结构可靠指标多值的问题，再把非正态随机变量通过当量正态变换为正态随机变量。结合韦布尔分布，当量正态化如下[92]。

① 利用当量正态条件：在设计验算点X^*处，正态随机变量X'的分布函数$F_{X'}(X^*)$与韦布尔随机变量X的分布函数$F_X(X^*)$相等，即$F_{X'}(X^*)=F_X(X^*)$，可以得到

$$F_X(X^*)=\int_{-\infty}^{X^*}f_X(X)\mathrm{d}X=\int_{-\infty}^{X^*}f_{X'}(X')\mathrm{d}X'=\Phi\left(\frac{X^*-\mu_{X'}}{\sigma_{X'}}\right) \tag{3-52}$$

由式(3-52)可以得到

$$\frac{X^*-\mu_{X'}}{\sigma_{X'}}=\Phi^{-1}[F_X(X^*)] \tag{3-53}$$

于是可以得到当量正态变量的均值

$$\mu_{X'}=X^*-\Phi^{-1}[F_X(X^*)]\sigma_{X'} \tag{3-54}$$

② 根据当量正态化条件：在设计验算点X^*处，正态随机变量X'的概率密度函数$f_{X'}(X^*)$与韦布尔随机变量X的概率密度函数$f_X(X^*)$相等，即$f_{X'}(X^*)=f_X(X^*)$，可以得到

$$f_X(X^*)=\frac{1}{\sqrt{2\pi}\sigma_{X'}}\exp\left[-\frac{\left(X^*-\mu_{X'}\right)^2}{2\sigma_{X'}^2}\right]=\varphi\left(\frac{X^*-\mu_{X'}}{\sigma_{X'}}\right)\frac{1}{\sigma_{X'}} \tag{3-55}$$

结合式(3-53)，有

$$f_X(X^*)=\frac{1}{\sigma_{X'}}\varphi\left\{\Phi^{-1}[F_X(X^*)]\right\} \tag{3-56}$$

于是可以得到当量正态变量的标准差：

$$\sigma_{X'}=\frac{\varphi\left\{\Phi^{-1}[F_X(X^*)]\right\}}{f_X(X^*)} \tag{3-57}$$

再运用改进的一次二阶矩法，计算得到锚固系统的可靠指标β和失效概率P_f，得

$$\beta=\frac{\mu_Z}{\sigma_Z}=\frac{\sum_{i=1}^{n}\left.\frac{\partial g}{\partial X_i}\right|_{X^*}(\mu_{X_i}-X_i^*)}{\left[\sum_{i=1}^{n}\left(\left.\frac{\partial g}{\partial X_i}\right|_{X^*}\sigma_{X_i}\right)^2\right]^{\frac{1}{2}}} \tag{3-58}$$

$$P_f=1-\Phi(\beta) \tag{3-59}$$

以上式中　$\varphi(\cdot)$，$\Phi(\cdot)$——分别为标准正态概率密度函数和分布函数；

$f_X(\cdot)$，$F_X(\cdot)$——非正态随机变量 X 的概率密度函数和分布函数；

$g(\cdot)$——锚固结构的功能函数；

$\mu_{X'}$，$\sigma_{X'}$——分别为正态随机变量的均值和标准差。

(2) 时效可靠指标的计算

目前，锚固结构可靠度的计算大都是基于荷载定值来获得瞬时可靠指标，却忽略了可靠指标的时间相依性，这是与实际锚固工程不符的。大量事实证明，在荷载传递过程中，剪应力呈现非线性变化特征，然而锚固效应取决于抗剪强度发挥的程度，并且其强度值随时间还在不断调整，因此受锚结构稳定可靠性也随时间变化。

结合图 2-3 锚固承载结构图中锚固段端部轴荷载的分布特征，由弹性理论可以得到锚固体范围内任一点沿杆体轴向的应力[93]

$$\sigma=\frac{3Px^3}{2\pi R^5} \tag{3-60}$$

$$R=(x^2+y^2+z^2)^{\frac{1}{2}}$$

式中　R——锚固体内任一点到锚固段顶端零点的距离；

P——锚固段端部集中荷载，通过杆体端部荷载传递得到。

由式(3-60) 可以得到砂浆锚固体与土体界面的轴向应力为

$$\sigma=\frac{3Px^3}{2\pi(x^2+r_a{}^2)^{\frac{5}{2}}} \tag{3-61}$$

$$r_a{}^2=y^2+z^2$$

式中　σ——轴向应力；

r_a——锚固体半径。

考虑到加固土体发生剪切破坏的可能性，通过式(3-60) 还进一步获得锚固承载结构内残余承载区边界面上的轴向应力为

$$\sigma=\frac{3Px^3}{2\pi(x^2+r_p^2)^{\frac{5}{2}}} \tag{3-62}$$

其中，$r_p^2=y^2+z^2$。

根据界面和受锚土体的剪应力定义，由式(3-62) 可以得到锚固段范围剪应力计算式

$$\tau(x)=\frac{3\frac{G_sG_g}{G_c}P(L_b-x)^3}{2\pi(x^2+r_p^2)^{\frac{5}{2}}E_g\ln\frac{r_p}{r_a}}e^{-\frac{2(L_b-x)G_sG_g}{G_cr_aE_g\ln\frac{r_p}{r_a}}} \tag{3-63}$$

式中 G_s——土体剪切模量；

G_g——砂浆锚固体剪切模量；

G_c——锚固体与残余承载区土体复合材料的剪切模量，与土体的内摩擦性质和浆体强度有关；

E_g——锚固体弹性模量；

r_p——残余承载区边界半径，在该范围以外不考虑土体的剪切位移；

L_b——锚固段长度。

从式(3-63) 非线性剪应力的分布特征得出：沿锚固段剪应力呈单驼峰单调递减趋势，且在锚固段末端，剪应力为零，即 $x=l_b$时，$\tau(x)=0$；在锚固段前缘，剪应力达到最大值，即极限剪切强度 τ_f完全发挥。

依据 Mohr-Coulomb 强度准则，考虑锚固时间效应，土体的抗剪强度为

$$\tau_f=\sigma_n\tan\varphi+c_t \tag{3-64}$$

对式(3-64) 进行变形得到

$$\tau_f=\sigma_n\tan\varphi+c_0(0.8t^{-1}+0.2) \tag{3-65}$$

根据加锚结构对土体的影响范围，可以得到加固土体的法向应力 σ_n

$$\sigma_n=0.25(1-\nu_s)l_b\gamma_s \tag{3-66}$$

结合式(3-65) 和式(3-66)，得到

$$\tau_f=0.25(1-\nu_s)l_b\gamma_s\tan\varphi+c_t \tag{3-67}$$

式中 γ_s——土体的容重；

φ——土体的内摩擦角；

c_t——土体的时效黏结力。

在锚固结构可靠指标计算过程中，通常采用锚固材料抗剪强度的安全余量来定义功能函数 Z

$$Z=g(R,S) \tag{3-68}$$

极限状态方程为

$$Z=R-S=\tau_f-\tau(x)=0 \tag{3-69}$$

其中，剪应力 $\tau(x)$ 和抗剪强度 τ_f分别由式(3-63) 和式(3-67) 得到。

最后将功能函数进行线性化处理后，再结合式(3-58) 和式(3-59) 可以得到土锚结构的时效可靠指标，即

$$\beta(t)=\frac{\mu_Z}{\sigma_Z}=\frac{\left.\frac{\partial g[\tau_f,\tau(x)]}{\partial c_t}\right|_{c_t^*}(\mu_{c_t}-c_t^*)+\left.\frac{\partial g[\tau_f,\tau(x)]}{\partial\varphi}\right|_{\varphi^*}(\mu_\varphi-\varphi^*)}{\left\{\left\{\left.\frac{\partial g[\tau_f,\tau(x)]}{\partial c_t}\right|_{c_t^*}\sigma_{c_t}\right\}^2+\left\{\left.\frac{\partial g[\tau_f,\tau(x)]}{\partial\varphi}\right|_{\varphi^*}\sigma_\varphi\right\}^2\right\}^{\frac{1}{2}}} \tag{3-70}$$

3.5 算例分析

（1）计算参数

根据土锚结构的承载特征，以拉力型土锚结构为算例，土体为均质的黏性土层，其中抗剪强度参数黏结力 c 和内摩擦角 φ 为相互独立的随机变量，服从韦布尔极值分布。为了揭示随机变量 c 和 φ 对时效可靠指标的影响规律，结合受锚结构土体优势破坏特点，在锚固体系可靠性分析中主要考虑土体子系统对锚固结构的影响，算例中暂不考虑钢筋杆体子系统和砂浆锚固体子系统对锚固结构可靠性的影响。土体子系统对锚固稳定可靠性的影响主要表现在黏结力和内摩擦角的变异性，而大量试验研究结果表明：土体的抗剪强度参数指标黏结力 c 的变异系数：$V_c \in [0.05, 0.8]$，内摩擦角 φ 的变异系数：$V_\varphi \in [0.05, 0.45]$，对于黏性土取大值，对于砂性土取较小的数值。设计验算点的初值为：$c_0=20\text{kPa}$，$\varphi_0=10°$，土体的物理力学参数如表 3-3 所示，锚固结构材料物理力学参数如表 3-4 所示，通过 JC 法求解时效可靠度 $\beta(t)$，根据计算结果来分析黏结力 c 和内摩擦角 φ 的变异系数与时效可靠指标 $\beta(t)$ 的变化趋势，具体关系如图 3-13 所示。

表 3-3　土体的物理力学参数

$\gamma/(\text{kN/m}^3)$	$\tilde{\omega}/\%$	υ_s	E_s/MPa	c/kPa	$\varphi/(°)$
18.2	18.9	0.34	9.2	21	12

表 3-4　锚固结构材料物理力学参数

E_{s1} /MPa	E_{s2} /MPa	η_{s1} /MPa·d	η_{s2} /MPa·d	E_f /GPa	E_{a1} /MPa	E_{a2} /GPa	η_a /MPa·d	E_g /MPa	η_g /MPa·d	τ_f /kPa
4.5	1.27	8.8	21	210	516	37	485	150	278	390

（2）计算结果

根据本书中的理论推导，得到抗剪强度指标与可靠指标关系和蠕变效应的可靠指标时效变化值，计算结果如图 3-13 和图 3-14 所示。

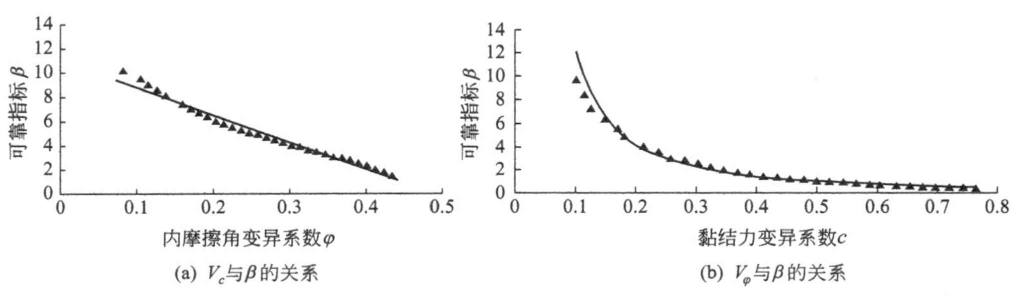

图 3-13　抗剪强度指标与可靠指标关系

从图 3-13 很明显看出：可靠指标 β 受土体抗剪强度指标黏结力 c 和内摩擦角 φ 变异性影响显著，其中可靠指标 β 与内摩擦角变异系数 V_{φ} 具有线性关系，同时可靠指标 β 与黏结力变异性 V_c 具有指数关系，当变异系数 V_c 在 0.3 以前，对可靠指标影响显著，随着变异系数的增加，可靠指标已接近 0.4，且趋于稳定，由此得到锚土界面失效对黏结力 c 比对内摩擦角 φ 更加敏感。

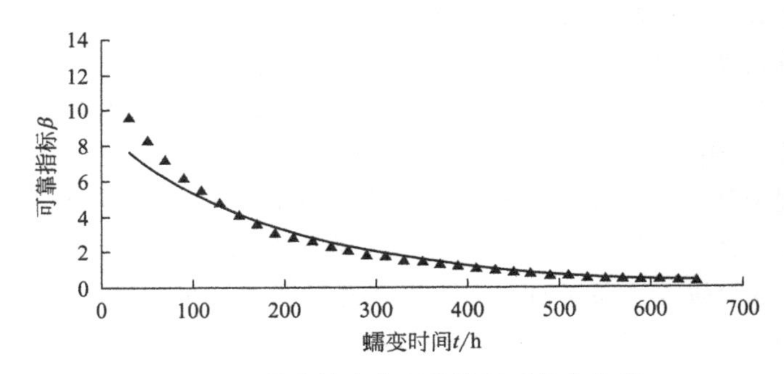

图 3-14　蠕变效应的可靠指标时效变化值

从图 3-14 可以看出：考虑土体蠕变效应时，可靠指标 β 具有明显的时效性，其时效变化与黏结力变异性对可靠指标影响趋势较相似，呈指数形式，在蠕变早期时效可靠指标 $\beta(t)$ 变化明显，随着时间延续时效可靠指标 $\beta(t)$ 逐渐降低，锚固失效概率增加，甚至出现破坏的现象。这充分验证了可靠指标随时间具有明显的减小趋势。

第4章 土体内摩擦特性对锚固承载的影响

土体是一种典型的多相颗粒摩擦性材料，具有黏聚力和摩擦力双强度特征，这种属性必将影响砂浆与土体界面的剪切力分布、黏结强度、锚杆锚固段长度、锚索桩加固的土拱曲线及承载能力的确定。同时大量土层锚杆拉拔试验结果显示，当杆体被拔出时，在锚固体周围总是握裹着一定厚度的土体，充分证明锚固失效的剪切滑移面在锚固土体中形成的存在性，这正是因为土体的双强度特性产生了残余抗剪强度，提高了锚固影响范围土体的抗剪强度和自承能力所致。然而，当前锚固失效的工程设计与科学研究大都是考虑锚固段内砂浆锚固体与土体界面的剪切破坏，这与拉拔试验是不吻合的[16]。

4.1 锚固承载结构剪应力与剪切位移特征

4.1.1 轴向剪切位移

砂浆锚固体是锚固结构的重要组成部分，是锚杆荷载传递的主载体，其与杆体和周围土层的完全耦合接触是锚固性能发挥的关键。在杆体轴向荷载作用下，锚固承载结构各分界面上产生剪切力形成剪切位移。本书参考文献［94］指出，土体具有黏聚力和摩擦力双强度固有属性，在土锚结构荷载传递过程中，锚固影响范围残余承载区中土体的内摩擦改善了剪切力分布，使得剪切力超过锚固体与土体界面的黏结强度时，即使在该区域土体中形成了大量的塑性区，但该土体仍能继续发挥残余承载能力，随后由弹性主承载区土体承担，如图 2-3 所示。这表明摩擦性土体在锚固工程中具有自承作用。

锚固体的总剪切位移 μ 主要由砂浆的弹性变形 μ_{ge}、砂浆的塑性变形 μ_{gp}、砂浆与锚固层界面的滑移变形 μ_{gs}等组成，其中位移结果是轴向荷载作用下由布置在锚固体顶端及靠近土体的位移传感元件测出。因杆体强度相对较大，杆体的塑性变形可忽略不计，同时，锚固体大都为拉伸破坏，且暂不考虑锚固体的法向位移[14]，则

$$\mu=\mu_{ge}+\mu_{gp}+\mu_{gs} \tag{4-1}$$

大量试验和理论研究表明，在锚固体与土体界面上剪切力呈非均匀分布，且剪切力集中分布在锚固段前缘，沿杆体轴向逐渐减小，在锚固段底端趋于零，从而剪切位移与剪切力具有非线性变化特征，因此在锚固段前端形成较大的相对位移[15]。一旦剪切力超过抗剪强度，锚固结构发生失效破坏，随后沿杆轴深部相对位移逐渐减小，剪应力降低（见图 2-3 中的 L_c），同时在锚杆锚固段末端剪切位移也趋于零。由于土体的内摩擦特性增强了土体的抗剪强度，当剪切力超过黏结强度时，土体的黏结力和摩擦力充分发挥逐渐达到极限状态，就最先在该范围产生脱黏（见图 2-3 中的 L_u），其脱黏长度往往比沿锚固体与土体界面黏结长度要小。为便于分析锚固失效时残余承载区与主承载区界面的剪切位移特征，假定残余承载区土体与砂浆锚固体所组成的复合材料结构在横截面上的轴向位移均匀分布，其复合材料的总剪切位移为

$$\mu'=\mu'_{ge}+\mu'_{gp}+\mu'_{gs} \tag{4-2}$$

式中 μ'——锚固体与残余承载区土体复合材料的总剪切位移；

μ'_{ge}——复合材料的弹性变形；

μ'_{gp}——复合材料的塑性变形；

μ'_{gs}——残余承载区边界与主承载区界面的滑移变形，其复合材料的位移结果同式(4-1) 锚固体的位移测试。

4.1.2 残余承载区剪切位移特征

锚固体的加固效果主要体现在锚固体界面摩阻力的发挥程度，当前认为：当砂浆与土体界面完全耦合时，剪应力与剪切位移呈比例关系；当砂浆与土体界面解耦产生相对位移时，土体的抗剪强度充分发挥，剪应力急剧趋于零，锚固结构失效。实际上土体具有黏结力和摩擦力双强度内摩擦特性，它可以从极限抗剪强度衰减到残余抗剪强度，而继续承载，其剪应力与位移的关系如图 4-1 所示。

图 4-1 中，μ_{us}为考虑土体内摩擦特性的解耦位移，该值大于未考虑土体内摩擦特性砂浆与土体界面发生相对位移时所对应的位移值。因此，当剪切力克服锚固体与土体黏结强度及残余承载区土体内摩擦力后，便会在残余承载区边界面上剪切位移达到 μ_{us}解耦位移，致使锚固结构失效。

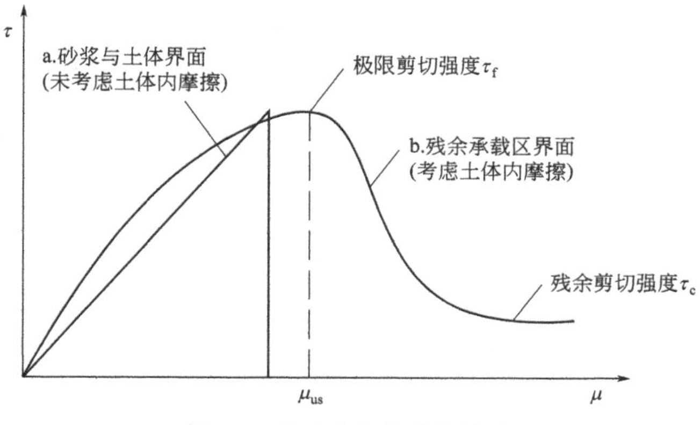

图 4-1　剪应力与位移的关系

4.2　考虑土体内摩擦特性的剪应力

4.2.1　未考虑土体内摩擦和脱黏的界面剪应力

目前，锚固失效主要发生在砂浆锚固体与土体界面的剪切破坏，且剪应力的计算式是通过单元体的静力平衡关系得到，已获得了大量的研究成果[95]。书中依此为基础，仍沿用有益的剪应力指数形式的计算式，分析锚固段未脱黏情况下，土体内摩擦增强土体强度的影响，对图 2-3 中残余承载区与主承载区分界面上的剪应力进行计算，其剪应力的计算式为

$$\tau=\frac{G'\sigma}{E_g\ln\frac{r_p}{r_a}}e^{-\frac{2G'}{r_aE_g\ln\frac{r_p}{r_a}}x} \tag{4-3}$$

$$G'=\frac{G_sG_g}{G_c}$$

式中　G_s——土体剪切模量；

G_g——砂浆剪切模量；

G_c——锚固体与残余承载区土体复合材料的剪切模量，与土体的内摩擦性质和浆体强度有关；

E_g——锚固体弹性模量；

σ——轴向应力；

r_a——锚固体半径；

r_p——残余承载区边界半径，在该范围以外不考虑土体的剪切位移。

r_p采用 Randloph（1978 年）建议的公式

$$r_p = 0.25(1-\nu_s)L_b \tag{4-4}$$

式中 ν_s——土体泊松比；

L_b——锚固段长度。

依据锚杆端部拉拔荷载和界面剪应力的分布特征，由弹性理论可以得到锚固体范围内任一点的轴向应力，即

$$\sigma = \frac{3Px^3}{2\pi R^5} \tag{4-5}$$

$$R = (x^2 + y^2 + z^2)^{\frac{1}{2}}$$

式中 R——锚固体内任一点到杆体顶端零点的距离；

P——杆体端部集中荷载。

在砂浆锚固体与土体界面上（$r_a{}^2 = y^2 + z^2$），由式(4-5) 得到轴向应力为

$$\sigma = \frac{3Px^3}{2\pi(x^2 + r_a{}^2)^{\frac{5}{2}}} \tag{4-6}$$

在残余承载区边界面上，即 $r_p^2 = y^2 + z^2$，则轴向应力为

$$\sigma = \frac{3Px^3}{2\pi(x^2 + r_p^2)^{\frac{5}{2}}} \tag{4-7}$$

结合式(4-3) 和式(4-7)，则剪应力分布为

$$\tau(x) = \frac{3G'P(L_b - x)^3}{2\pi(x^2 + r_p^2)^{\frac{5}{2}} E_g \ln \frac{r_p}{r_a}} e^{-\frac{2G'}{r_a E_g \ln \frac{r_p}{r_a}}(L_b - x)} \tag{4-8}$$

从式(4-8) 残余承载区界面上剪应力的分布特征得出：沿锚固段剪应力呈单调递减趋势，且在锚固段末端，剪应力为零，即 $x = L_b + L_c$时，$\tau = 0$，并在锚固耦合段前缘，剪应力达到最大值，即达到极限剪切强度 τ_f。

4.2.2 考虑土体内摩擦和脱黏的界面剪应力

土体具有黏结力和摩擦力固有的物理力学属性，属双强度摩擦性材料[13]。在锚固体荷载传递过程中，当剪应力值达到极限剪切强度时，便在锚固体与土体界面产生相对运动趋势而脱黏。由于土体的内摩擦特性仍能继续承载，并在残余承载区边界形成轴向的相对位移产生摩擦，该摩擦力值不是一个常数，它是随位移的增大而增大，随位移梯度变化而减小。但是摩擦力与位移方向相反，显然摩擦力削弱了界面上剪应力作用的结果，提高了土体强度，土体的内摩擦特性对稳定性是有利的。因此，在锚固体与土体的界面以及残余承载区边界剪应力的计算中应扣除因土体内摩擦产生的剪应力，即

$$\tau = \tau' - \tau_\varphi \tag{4-9}$$

式中 τ'——不考虑土体内摩擦时残余承载区界面的剪应力。

由土体内摩擦特性产生的剪应力为

$$\tau_{\varphi}=\sigma_{y}\tan\varphi' \tag{4-10}$$

式中　φ'——等效内摩擦角；

σ_{y}——法向应力，与土体自重和注浆压力有关。

结合式(4-9) 和式(4-10) 得

$$\tau=\tau'-\sigma_{y}\tan\varphi' \tag{4-11}$$

从图 2-3 中锚固段承载结构显示，锚固承载结构属轴对称问题，其满足平衡方程，其表达式如下：

$$\frac{r\partial\tau_{rz}}{\partial r}+r\frac{\partial\sigma_{x}}{\partial x}=0 \tag{4-12}$$

在不同位置的剪应力为

$$\left.\begin{aligned}\tau_{rz}=0\quad r=r_{p}\\ \tau_{rz}=r_{a}\quad r=r_{a}\end{aligned}\right\} \tag{4-13}$$

式(4-12) 中，沿 r_{a}、r_{p}积分得

$$\frac{\partial}{\partial x}\left(\int_{r_{a}}^{r_{p}}\sigma_{x}r\,\mathrm{d}r\right)-r_{a}\tau'(x)=0 \tag{4-14}$$

由于轴向应力沿杆体轴向呈非线性分布，为避免非线性求解的复杂性，将其轴向的非线性应力取平均值，将式(4-14) 变形得

$$\frac{\partial}{\partial x}\left[\int_{r_{a}}^{r_{p}}\frac{E_{s}\tau'(x)}{L_{a}G_{s}}(r_{p}-r_{a})r\,\mathrm{d}r\right]-r_{a}\tau'(x)=0 \tag{4-15}$$

式(4-15) 进一步整理为

$$\frac{E_{s}(r_{p}-r_{a})^{2}(r_{p}+r_{a})\mathrm{d}\tau'(x)}{G_{s}L_{a}\mathrm{d}x}-r_{a}\tau'(x)=0 \tag{4-16}$$

式(4-16) 的解为

$$\tau'(x)=\tau_{f}\exp\left[\frac{r_{a}E_{s}(r_{p}-r_{a})^{2}(r_{p}+r_{a})}{G_{s}L_{a}}(L_{u}-x)\right] \tag{4-17}$$

当 $x=L_{u}$时，$\tau'(x)=\tau_{f}$，即极限剪切强度沿轴向的传递。

式中　E_{s}——土体的变形模量；

G_{s}——土体的剪切模量；

L_{u}——脱黏段长度；

L_{a}——锚固体长度；

r_{a}——砂浆锚固体半径；

r_{p}——受锚固影响土体残余承载区半径。

结合式(4-11) 和式(4-17)，可以得到考虑土体内摩擦和脱黏情况下，在残余承载区边界的剪应力计算式为

$$\tau(x)=\tau_f \exp\left[\frac{r_a E_s (r_p - r_a)^2 (r_p + r_a)}{G_s L_a}(L_u - x)\right] - \sigma_y \tan\varphi' \tag{4-18}$$

因此，剪应力具有明显的非线性分布特征，首先在锚固段前缘达到最大值，当锚固段产生脱黏后，剪应力沿轴向传递，且在锚固体末端趋于零。

4.2.3 锚固段长度的计算

锚固体与土层界面的锚固力比杆体与锚固体界面的锚固力要小，因此锚杆的锚固段长度是通过锚固体与土层界面的黏结强度来控制[96]。由于土体具有内摩擦特性，内摩擦力会减少界面上的剪切力，在工程锚杆拉拔破坏时，还常常包裹着一定厚度的土体，滑动面产生在残余承载区边界，正是因为土体的内摩擦性使土体的残余剪切强度和自承能力的发挥所致，对永久性锚固工程，锚杆锚固段长度应满足

$$L_b \geqslant \frac{N_{ak}}{\pi r_a f_{rb} + \zeta \pi r_p \tau_r} \tag{4-19}$$

式中 L_b——锚固段长度；

N_{ak}——锚杆轴向拉力标准值；

f_{rb}——锚固体与土体黏结强度的特征值；

τ_r——残余剪切强度；

ζ——土体内摩擦特性发挥系数，取值范围为 $0 \leqslant \zeta \leqslant 1$，即残余承载区全部解耦损伤时取零，反之完全耦合完整时取 1，此外，该发挥系数的取值应用正进一步研究中。

4.3 土体摩擦指标对锚索桩土拱曲线的影响

4.3.1 桩间土拱形成的机理

土体属多相散体摩擦性颗粒材料，固体颗粒是土体结构的骨架，在外载荷作用下，颗粒发生相对位移，促使骨架体积和形态产生改变。由于土体结构各向异性的特点，并具有黏聚力和内摩擦角的固有属性，因此其抗剪强度的发挥存在差异性，一旦颗粒脱黏和摩擦失效即便形成不均匀变形，对土体工程稳定性产生不利影响。针对抗滑桩加固边坡，其失稳土坡的滑移体，在滑动过程中因其自重调整而引起的滑坡推力改变了边坡土体介质的应力状态，加上土体不抗拉的力学特性，因此在失稳过程中，往往先在坡顶形成拉伸裂缝，滑体挤压力经向下传递后，在边坡下部区域诱发剪切失稳，这也是将工程抗滑桩布置在边坡中下部的缘由。

目前，关于抗滑桩桩间土拱问题的形成机理和土拱轴线的位移特征，该方面的

研究文献尚不多见[97]。在抗滑桩加固边坡工程中，桩间土体在滑坡推力和土侧压力作用下，桩土发生相对位移，因桩土结构强度的显著差异，最先诱发桩体周围土体向临空面的绕流，随着时间的延续，滑移范围逐渐增大，主要表现为在相邻桩中心位置处位移最大，沿桩脚位移逐渐减小，考虑土体是一种典型的不抗拉和不抗弯的散体摩擦性材料，同时还具有黏结力和内摩擦的自承载特性，在桩后土体推力和滑体滑动过程中，应力会不断调整，因此在土拱和桩体共同承载的同时桩土荷载分担比又在不断变化，并逐渐转移到拱脚来保证桩间土体的平衡，最终出现桩间土体凸向桩后土体的土拱现象。然而，一旦土拱横截面上的剪应力超过抗剪强度时，于是土拱承载发生失效，导致土体在绕流状态下发生滑动破坏[33]。

4.3.2　土拱曲线方程和土拱位移

针对土拱形态的研究，学者们大都运用结构力学知识，假定桩后土体因自重作用引起的推力保持水平方向的恒定，不考虑土拱截面的弯矩和剪力，将土拱以等效等截面梁的静力矩平衡解获得桩间土拱轴线方程为二次抛物线形式[98,99]。实际上，桩间土体受载形式多样，且随时间荷载条件还在不断变化，因此土拱形态也随之变化。为了得到桩间土体水平位移和拱轴线形态的时效变化特征（图 3-1），以区别于上述假定条件正常土层的土拱效应，并使研究成果更符合工程实际，本书土拱荷载除土体推力外，还包括土拱横截面剪力的发挥值和桩锚加固的水平拉力分量，同时考虑其时变影响，假定条件如下：

① 土体为均质各向同性的土体；

② 拱后土体的推力为均匀分布，土拱受力沿桩长为平面应变问题；

③ 相邻两桩的迎荷面为拱脚，无转动约束，为铰支承，不考虑桩侧摩擦力；

④ 拱轴的轴力为恒定值，其截面强度准则满足 Mohr-Coulomb 破坏准则。

根据结构力学中合理拱圈静力平衡条件，拱顶处水平推力 F_T 为 $\frac{ql^2}{8f}$，拱脚处的水平力也为 $\frac{ql^2}{8f}$，结合 Coulomb 准则，即可得到土拱横截面上正应力和剪应力为

$$\sigma=\frac{F_T}{b}=\frac{ql^2}{8fb} \tag{4-20}$$

$$\tau_f=\sigma\tan\varphi+c \tag{4-21}$$

式中　F_T——拱顶处的水平推力，与拱脚处的水平推力 F_H 相等；

b——土拱厚度；

q——桩后土体均布推力；

f——土拱计算横截面剪切强度下的拱矢高；

c，φ——土体的抗剪强度指标，即黏结力和内摩擦角；

l——剪切强度下拱的跨度，也为两相邻桩的中心距。

由弯矩与剪力的微分关系

$$\frac{\mathrm{d}M}{\mathrm{d}x}=\tau_{\mathrm{f}}b \tag{4-22}$$

将式(4-21) 代入式(4-22)，得

$$\frac{\mathrm{d}M}{\mathrm{d}x}=\frac{ql^2}{8f}\tan\varphi+cb \tag{4-23}$$

结合拱脚和拱顶弯矩为零的定解条件，解微分方程 (4-23)，得

$$M=\frac{1}{2}\left(\frac{ql^2}{8f}\tan\varphi+cb\right)(l-2x)\quad 0\leqslant x\leqslant\frac{1}{2}l \tag{4-24}$$

根据弯矩平衡条件，得

$$M+\frac{1}{2}\left(q-\frac{ql^2}{8f}\tan\varphi-cb\right)x^2=\left(\frac{ql^2}{8f}\tan\varphi+cb\right)x+\frac{ql^2}{8f}y\quad 0\leqslant x\leqslant\frac{1}{2}l \tag{4-25}$$

对式(4-25) 变形，可得到拱轴线方程为

$$y=\left(\frac{4f}{l^2}-\frac{1}{4}-\frac{4fcb}{ql^2}\right)x^2-\left(2\tan\varphi+\frac{16fcb}{ql^2}\right)x+\left(\frac{l\tan\varphi}{2}+\frac{4fcb}{ql}\right) \tag{4-26}$$

在考虑土拱横截面抗剪强度（剪力分布）恒定时，拱轴线方程也为二次抛物线形式，但抛物线形态除受到矢跨比影响外，还包括桩后土体推力、土体黏结力和内摩擦角等因素的影响，且对称轴已偏离拱跨中心位置。

针对不考虑土拱横截面剪应力的正常土体，合理拱轴线抛物线方程为

$$y=\frac{4f}{l^2}x^2\quad 0\leqslant x\leqslant\frac{1}{2}l \tag{4-27}$$

根据抛物线特性，比较式(4-26) 和式(4-27)，因满足$\left(\frac{4f}{l^2}-\frac{1}{4}-\frac{4fcb}{ql^2}\right)<\frac{4f}{l^2}$，所以前者的平衡拱跨要大于正常土体的拱跨，因此土体的抗剪强度对桩间距选取有增大效应。

土拱在土体推力和抗剪力作用下，位移呈非均匀分布，这里不考虑剪应力引起的剪切位移，通常运用积分法可以得到拱轴线的非线性位移

$$EI\mu''=-\frac{1}{2}\left(\frac{ql^2}{8f}\tan\varphi+cb\right)(l-2x)\quad 0\leqslant x\leqslant\frac{1}{2}l \tag{4-28}$$

对式(4-28) 进行积分求解可以得到满跨均布荷载作用下，梁的挠曲线方程为

$$\mu=\frac{\int\left[\int\frac{1}{2}\left(\frac{ql^2}{8f}\tan\varphi+cb\right)(l-2x)\mathrm{d}x\right]\mathrm{d}x+C_1x+C_2}{EI} \tag{4-29}$$

边界条件为

$$x=\frac{1}{2}l,\ \mu=0$$

$$x=-\frac{1}{2}l,\ \mu=0$$

由边界条件将积分常数 C_1 和 C_2 代入式(4-29)，可得拱轴线的位移，其桩间土拱位移如图 4-2 所示。

$$\mu=\frac{8A\left(\frac{l}{2}-x\right)^3+6Al\left(x-\frac{l}{2}\right)^2+2Al^2\left(x-\frac{l}{2}\right)}{EI} \tag{4-30}$$

其中，$A=\frac{ql^2}{8f}\tan\varphi+cb$。

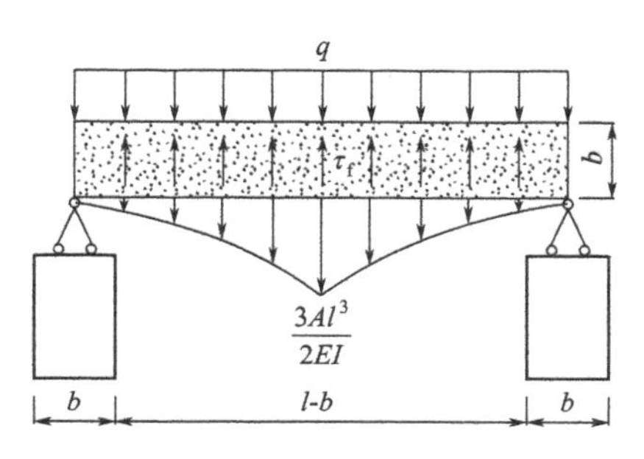

图 4-2　桩间土拱位移

从式(4-30) 可以看出，拱轴线的水平位移在两相邻桩之间呈非对称分布，且土拱位移恒为指向临空面的正位移，因此桩间土拱总是凸向桩后土体方向(图 4-2)。

黏结力和内摩擦角是土体的抗剪强度指标，在桩间土拱形成过程中，因拱圈土体抗剪强度的发挥而具有自承作用。从式(4-26) 和式(4-30) 还可明显看出，黏结力和内摩擦角对土拱轴线的形态产生重要影响，并对土拱具有增强效应，与本书文献 [100] 的研究，即“土体黏结力与内摩擦角对土拱效应有明显的影响，且随着黏结力和内摩擦角的增大，桩的荷载分担比增加，桩土相对位移较小，土拱效应明显增强，反之当黏结力和内摩擦角减小时，桩的荷载分担比也减小，桩土相对位移增加，土拱效应减弱”结论相吻合。

4.3.3 土体蠕变效应的土拱轴线方程

依据 Coulomb 剪切准则，结合式(3-46) 得到桩间土拱轴线方程式为

$$y=\left[\frac{4f}{l^2}-\frac{1}{4}-\frac{4fb}{ql^2}c_0(0.8t^{-1}+0.2)\right]x^2-\left[2\tan\varphi+\frac{16fb}{ql^2}c_0(0.8t^{-1}+0.2)\right]x+\frac{l\tan\varphi}{2}+\frac{4fb}{ql}c_0(0.8t^{-1}+0.2) \tag{4-31}$$

从式(4-31) 计算得出：在土体蠕变变形过程中，土拱轴线随时间在不断调整，且满足下式的要求：

$$\frac{4f}{l^2}-\frac{1}{4}-\frac{4fb}{ql^2}c_0(0.8t^{-1}+0.2)>\frac{4f}{l^2}-\frac{1}{4}-\frac{4fcb}{ql^2} \tag{4-32}$$

根据土拱横截面力矩平衡条件，结合式(4-25) 并考虑土体抗剪强度指标的蠕变特性，得到土体蠕变桩锚耦合作用的土拱轴线方程为

$$y=\left\{\frac{4f[ql+2T_H-lbc_0(0.8t^{-1}+0.2)]}{l^2(ql-2T_H)}-\frac{1}{4}\right\}x^2-\left[2\tan\varphi-\frac{16fbc_0(0.8t^{-1}+0.2)}{l(ql-2T_H)}\right]x+\frac{l}{2}\tan\varphi+\frac{4fbc_0(0.8t^{-1}+0.2)}{ql-2T_H} \tag{4-33}$$

从耦合作用下土拱轴线计算式(4-33) 可以看到，增加锚索水平分力对桩间土拱有增强效应，同时桩间土拱形态还受到桩后土体的推力、锚索水平分力、拱圈的宽度、土体黏聚力、内摩擦角和桩间距的影响，伴随时间不断改变。

4.4 算例分析

4.4.1 土拱曲线分析的算例

选取一山区公路高陡路堑边坡，在边坡中部有漳泉铁路线经过，工程条件复杂，主要岩土层由粉质黏土、砾质黏性土、弱风化花岗岩组成，在连续降雨情况下已产生滑坡隐患，经现场勘查和研讨，拟采用锚索桩加固方案，设计桩长为 20m，受荷段主要是砾质黏性土，桩截面尺寸为 3.0m×2.0m，锚索采用 1860 级 7×7ϕ 钢绞线，直径为 15.2mm，钻孔直径为 150mm，锚索桩设计中取 $l=7.0$m，其中砾质黏性土的体物理力学参数为：$\gamma=18\text{kN/m}^3$，$c_0=25$kPa，$\varphi=16°$，锚索拉力依据圆弧法计算桩位处水平推力取值为 690kN/m，推力沿桩长为均匀分布。蠕变计算中，取土体为 *H-K* 线性蠕变模型，索体为弹性元件，其物理力学计算参数如表 4-1 所示。

表 4-1 土体蠕变模型物理力学计算参数

E_h/kPa	E_k/kPa	E_s/GPa	η/kPa·d
15800	56	205	660

依据拱脚剪切破坏引起土拱失效的特点，由 Mohr-Coulomb 强度理论得到土拱横截面正应力最大值时的矢跨比为 $\frac{f}{l}=\frac{1}{2\tan(45-\varphi/2)}=0.6$，运用式(4-26)、式(4-27)、式(4-31) 和式(4-33) 可以分别建立正常土体、抗剪土体、土体蠕变特性和土体蠕变桩锚耦合作用的拱轴线方程，并结合外荷载作用下土拱曲线凸向桩后土体的特性，计算结果如下。

① 利用设计方案，针对正常土体两相邻桩的跨度 $l=7.0$m。

② 根据抛物线二次项系数大于零和桩间土拱凸向桩后土体的特性，由式(4-26)得到

$$\frac{4f}{l^2}-\frac{1}{4}-\frac{4f\times25\times2}{690\times l^2}>0$$

两相邻桩的最大跨度 $l=8.8\text{m}$。

③ 由式(4-31)，考虑50年的服役期，可以得到

$$\frac{4f}{l^2}-\frac{1}{4}-\frac{4f\times2}{690l^2}\times25(0.8\times50^{-1}+0.2)>0$$

两相邻桩的最大跨度 $l=7.9\text{m}$。

④ 由式(4-33)，可以得到

$$\frac{4f[690l+2\times790-2l\times25\times(0.8\times50^{-1}+0.2)]}{l^2(690l-2\times790)}-\frac{1}{4}>0$$

两相邻桩的最大跨度 $l=8.2\text{m}$。

从上述计算结果可以看到，针对第二种情况两相邻桩的最大跨度值为最大，其次是第四种情况和第三种情况，而第一种情况下两相邻桩的最大跨度为最小，即原设计方案值为最保守，这无疑增加了抗滑桩加固边坡的治理成本。因此，建议抗滑桩加固边坡中应考虑土体蠕变桩锚耦合作用下两相邻桩的跨度值，针对本算例选取 $l=8.2\text{m}$，使设计结果与工程实际更符合。

4.4.2　内摩擦特性影响土锚结构承载力的算例

根据锚固段受力与承载结构位移特征，以单根拉力型土层锚固结构为算例，对考虑土体内摩擦和锚固段脱黏及未考虑土体内摩擦和脱黏情况的剪应力沿轴向分布特征及锚固段长度进行比较分析。选取锚杆直径为20mm，锚杆钻孔孔径为110mm，浆体材料为M30水泥砂浆，锚杆锚固段长度为4m，其他计算参数见表4-2。

表4-2　锚固计算参数指标

$\gamma/(\text{kN/m}^3)$	c/MPa	P/kN	ν_s	G'/MPa	E_s/MPa	f_{rb}/kPa	$\varphi/(°)$	r_p/m
18.5	28	300	0.35	11	13	50	13	0.35

为验证残余承载区界面剪应力分布的差异性及设计锚固段长度，针对锚固结构脱黏条件，结合算例已给出的计算参数，并利用本书的计算方法，就考虑土体内摩擦特性和未考虑土体内摩擦特性两种情况分别进行了计算，其计算结果如图4-3所示。

计算结果显示，在未考虑土体内摩擦情况下，剪应力最大值可达到65kPa，并沿锚固段末端逐渐减小，在3.2m以后，剪应力接近零，锚固效果不明显；当考虑

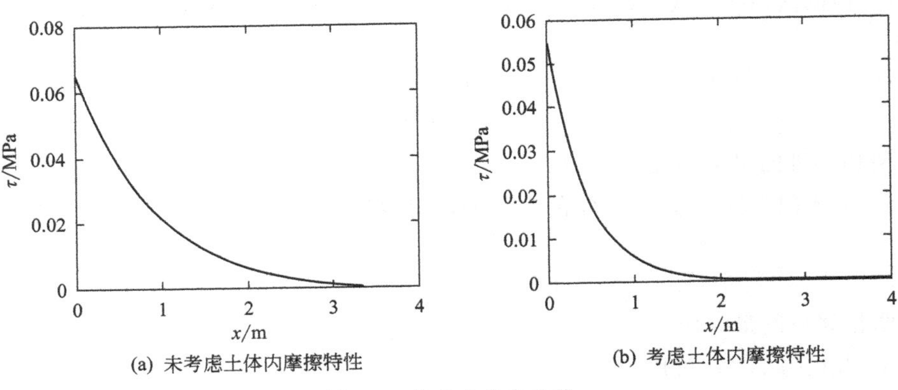

(a) 未考虑土体内摩擦特性

(b) 考虑土体内摩擦特性

图 4-3 剪应力分布曲线

土体内摩擦特性后，剪应力最大值为56kPa，较前者最大值减少13.9%，其值沿锚固段末端逐渐减小，在2.7m以后，剪应力接近零，可有效减少锚固段长度0.5m，已充分验证了本书理论分析的有效性和可行性，同时在同样锚固荷载作用下，考虑残余承载区内土体的内摩擦特性可减小锚杆锚固段长度和边界剪应力。

第5章

动力响应对锚固承载的影响

我国是一个多地震灾害的国家，地震和工程震动对边坡稳定性的影响尤为显著，在边坡加固中，往往采用锚杆（索）技术进行抗震设计，以增强边坡抗震稳定性。锚杆支护边坡已在建筑、交通、矿山等工程中得到了普遍的应用。锚杆承载能力一般是在静力条件下通过拉拔试验、规范建议公式和采用拟静力法求解静力平衡方程计算确定，很少考虑受地震振动、爆破振动和工程机械振动等动荷载响应中加速度、速度、位移、力时程和其频谱特性对锚固力和锚杆长度的影响。因此忽略动力响应直接套用锚杆静载承载力设计值是不符合工程实际的，甚至会对锚杆承载力估值过高而出现错误的结果[55]。

5.1 地震波对坡面浅表的影响范围

5.1.1 地震作用下坡面浅表拉剪破坏机理

土质边坡静力失稳破坏的主要原因是外荷载的诱发作用，尤其是强降雨和水位的变化，促使潜在滑动面上土体的抗剪强度降低和下滑力增加而引起的剪切破坏。当基覆土层和堆积体较薄时，边坡呈现浅层滑坡，反之则产生深层滑坡，这已积累了大量的研究成果。但是在地震动荷载作用下，往往是坡底深部的地震波传播到坡体中，并在坡表自由面产生反射，使边坡土体产生临空面的位移和加速度，随地震持时，其位移不断增加最终导致边坡失稳破坏。

根据地震波在自由面反射传播理论，当从坡底入射的压缩纵波到达坡表自由面产生坡面压应力形成波密介质，然而反射的拉伸波沿坡体内部传播形成波疏介质，并在自由面反射处形成波腹振动加强，同时加上与坡体内传播的纵波形成反射、干涉叠加，且随着向坡体内部延伸而叠加效应减弱，因此使得在边坡同高程位置坡表的加速度和位移大于坡体内部土体而产生差异性位移，致使坡表浅域范围的土体受拉产生剥离，同时在土体自重力作用下引起边坡土体的拉剪破坏而失稳。

5.1.2 坡表浅域范围的地震波动力效应

为了研究坡体内地震波传播对坡表浅域影响范围结论具有普遍性，首先假定边坡土体是均匀、连续的弹性体，基于弹性体中纵波传播速度大于横波波速，即在有限高的边坡范围内，纵波入射最先到达坡面以及纵波沿锚固结构轴向传递过程中的动载特性，因而将地震波对边坡坡面传播过程简化为纵波自坡底竖直向上的入射，且暂不考虑坡底滞后横波入射的影响。在弹性介质中，当入射的纵波到达边坡坡面时，考虑自由面边界上剪应力和正应力为零的条件，因此入射的纵波（P 波）在自由面处反射而产生反射纵波（P 波）和反射横波（SV 波），且入射角与反射角满足斯涅尔定律[101]：

$$\frac{\sin\alpha}{C_{P_1}}=\frac{\sin\alpha_1}{C_{P_2}}=\frac{\sin\beta}{C_s} \tag{5-1}$$

式中 α——P 波的入射角；

α_1——反射 P 波的反射角；

β——反射 SV 波的反射角；

C_{P_1}——入射 P 波的波速；

C_{P_2}——反射 P 波的波速；

C_s——反射 SV 波的波速。

在均质土中，满足 $\alpha=\alpha_1$，$C_{P_1}=C_{P_2}$。

图 5-1 为 P 波入射的传播模型，从图 5-1 中可以看出，经坡面反射后的 P 波

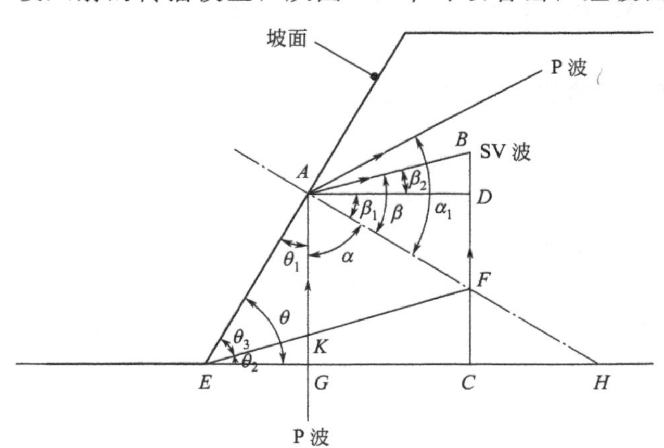

图 5-1 P 波入射的传播模型

θ—边坡坡角；θ_1—入射 P 波与坡面的夹角；β_2—反射 SV 波的反射角；AH—P 波入射坡面点的法向方向，当 P 波垂直入射时，满足 $\theta=\alpha$

和 SV 波反射角存在 $\alpha_1>\beta$，于是反射的 SV 波首先与坡底入射的 P 波在坡内发生干涉叠加，同时反射 SV 波对土体介质的震害影响较反射 P 波显著，因此这里仅研究入射 P 波与反射 SV 波干涉对坡表浅域的影响范围和土锚轴应力的变化特征。

根据图 5-1，由入射波和反射波传播的几何关系得

$$BC=CG\tan\beta_2+AE\sin\theta \tag{5-2}$$

$$AG=AE\sin\theta \tag{5-3}$$

根据相干波源叠加原理[102,103]，以入射 P 波波程（CB）和反射 SV 波波程（AB）干涉来研究地震波传播对坡表浅域的影响范围，入射波与反射波的波程差见式(5-4)。显然在波程差为零或等于波长整数倍的区域点，即在坡底 C 点入射的 P 波与坡面 A 点反射的 SV 波相遇时的波程差，其振动强度最大。

$$CG\tan\beta_2+AG-CG/\cos\beta_2=k\lambda \tag{5-4}$$

式中　λ——波长；

　　k——余波的倍数，$k=0$，1…

根据图 5-1 的几何关系，将式(5-4) 变形得

$$AF\sin\theta\left[\left(\frac{\sin\beta_2-1}{\cos\beta_2}\right)+\frac{1}{\tan\theta_3}\right]=k\lambda \tag{5-5}$$

式中　AF——干涉叠加增强时 C 点入射波与坡面 A 点法线的交点，即为沿坡面垂直向内干涉叠加振动增强的影响深度。

其中，$\sin\beta=\dfrac{C_s}{C_{P_1}}\sin\theta$，令 $\beta=m\theta$（m 为小于等于 1 的常数）。

对式(5-5) 求导得

$$\frac{\partial AF}{\partial\theta}=\frac{k\lambda[(1+m)(1-\sin\theta)\cos(1+m)\theta+m\sin(1+m)\theta\cos m\theta]}{(1-\sin m\theta)^2} \tag{5-6}$$

当 $k=1$，$[(1+m)(1-\sin\theta)\cos(1+m)\theta+m\sin(1+m)\theta\cos m\theta]>0$，于是影响深度 AF 随边坡角 θ 的增大而增大。从式(5-4) 还可以看出，在地震波垂直向上传播过程中，经坡表反射，干涉作用沿坡面垂直向内受地震动的影响深度与边坡角、振动波传播速度及波长有关，且沿坡高该影响深度增大。因此，在锚杆支护边坡中为提高边坡的抗震稳定性，锚杆长度不应小于影响深度，同时锚杆长度还受边坡角影响。

依据边坡土体地震动力响应研究成果，在坡表形成的位移和加速度大于坡体内部的土体，因此在坡表浅域影响范围土体的滑动隐患最大，同时为了使坡面反射 SV 波刚好到达边坡底部最外计算边界时，即可获得坡内土体产生干涉振动增强的最小影响范围，这里取 $k=0$，并由式(5-5) 得到

$$\left(\frac{\sin\beta_2-1}{\cos\beta_2}\right)+\frac{1}{\tan\theta_3}=0 \tag{5-7}$$

依据图 5-1 中角度组合关系，得

$$\sin\beta_2 = -\cos(\theta+\beta) \tag{5-8}$$

$$\cos\beta_2 = \sin(\theta+\beta) \tag{5-9}$$

结合式(5-6)～式(5-9)，得出

$$\frac{\sin(\theta+\beta)}{1+\cos(\theta+\beta)} = \tan\theta \tag{5-10}$$

根据斯涅尔定律［见式(5-1)］，获得反射 SV 波的反射角 β 后，再可求出式(5-10) 的坡角 θ 值，此时入射 P 波经坡面反射后，反射 SV 波正好传播到坡底最外计算边界（反射 SV 波与坡底平面相交位置），便可得到坡体内产生干涉振动增强影响的最小范围，从而获得该状态下的临界边坡角 θ_{cr}。当边坡坡角超过临界坡角时（$\theta > \theta_{cr}$），在地震波传播过程中，干涉影响逐渐增强，进而获得沿坡面垂直向内的最大影响深度，然而当超过该深度后，地震动力增强响应逐渐减弱。

考虑到在坡体内部地震波传播过程中干涉叠加的影响，在图 5-1 中坡表浅域范围取波程差为 1 倍波长 λ 时，在锚杆支护边坡工程中，因锚杆长度与地震纵波波长相当（在 1 倍数量级内），由式(5-5) 可得到沿坡面垂直向内干涉叠加振动增强的最大影响深度：

$$AF = \frac{\lambda}{\left\{\dfrac{\sin\theta[\cos(\theta+\beta)+1]}{\sin(\theta+\beta)} - \cos\theta\right\}} \tag{5-11}$$

其中，$\sin\beta = \dfrac{C_s}{C_{P_1}}\sin\theta$。

从式(5-11) 明显看出，在地震波垂直向上传播过程中，经坡表反射，干涉作用沿坡面垂直向内受地震动的最大影响深度与边坡角、振动波传播速度及波长有关，且沿坡高该影响深度增大，依据图 5-1 中波的传播特征，在坡高中部局部区域波形叠加形成振动增强，产生剪切核，并向坡体内部延伸，与静力极限平衡法搜索滑动面形状相似。因此，在锚杆支护边坡中为提高边坡的抗震稳定性，锚杆长度不应小于最大影响深度，同时锚杆长度还受边坡角影响[54]。

为了便于研究最大影响深度 AF 随边坡角 θ 的变化特征，设

$$f(\theta) = \left\{\frac{\sin\theta[\cos(\theta+\beta)+1]}{\sin(\theta+\beta)} - \cos\theta\right\}^{-1} \tag{5-12}$$

结合式(5-12)，将式(5-11) 变化为

$$AF = \lambda\left\{\frac{\sin\theta\left[\cos\left(\theta+\arcsin\dfrac{C_s\sin\theta}{C_{P_1}}\right)+1\right]}{\sin\left(\theta+\arcsin\dfrac{C_s\sin\theta}{C_{P_1}}\right)} - \cos\theta\right\}^{-1} \tag{5-13}$$

图 5-2 为最大影响深度与坡角的关系，从图 5-2 拟合数据看出，沿坡面垂直向内的最大影响深度 AF 与坡角 θ 的线性相关系数接近于 1.0，具有很好的线性相关性，即随边坡角的增加，影响深度减小，与其波长的倍数范围为 1.5～2.7。因此根据线性分布特征曲线和设计边坡角，在锚杆支护边坡抗震设计中应保证锚杆设计长度不小于 1.5～2.7 倍振动波的波长，以满足受锚边坡抗震稳定性要求。

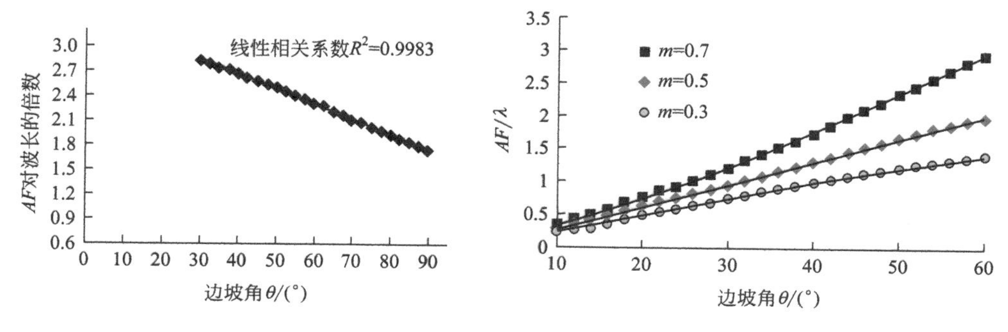

图 5-2 最大影响深度与坡角的关系

5.1.3 双层介质地震波动力效应

众所周知，土体的成层性是土体运动演化的结果，土层条件主要为土层物理力学性质和相对层序，同时锚土界面的计算模型（如硬化模型、软化模型、理想弹塑性模型）对地震动力效应有重要的影响，其中对波速的变化尤为显著，对于受锚土体边坡，土体的物理力学指标、土体弹性参数、土层及锚土的界面特征等对波速的影响：随着弹性模量的增加，泊松比的减小，阻尼减少，波速增加，土体耗散能量少，最大影响深度小，锚固力的补偿值少，反之，随着弹性模量的减小，泊松比的增加，阻尼增加，波速减小，土体耗散能量多，最大影响深度大，锚杆长度增加，锚固力补偿值增加。同时非恒定的波速变化率，还会引起最大影响深度与坡角呈现非线性特征。

为考虑土层性质及土层相对层序对边坡土体介质的影响，这里以两层土质边坡为研究对象，来研究地震波动力效应，其地震波的传播如图 5-3 所示。

土层条件主要为土体物理力学参数和土层相对层序对地震波传播的影响，在双层弹性土体中，从边坡自由面处反射的 SV 波在土层分层界面上形成反射纵波（P 波）和反射横波（SV 波），结合上述假定条件，也不考虑反射 P 波的影响，同时入射角与反射角满足斯涅尔定律，与式(5-1) 类似。同理，在波程差为零或等于波长整数倍的区域点，即在坡底 C 点入射的 P 波与土层界面反射的 SV 波相遇时的波程差，其振动强度最大。

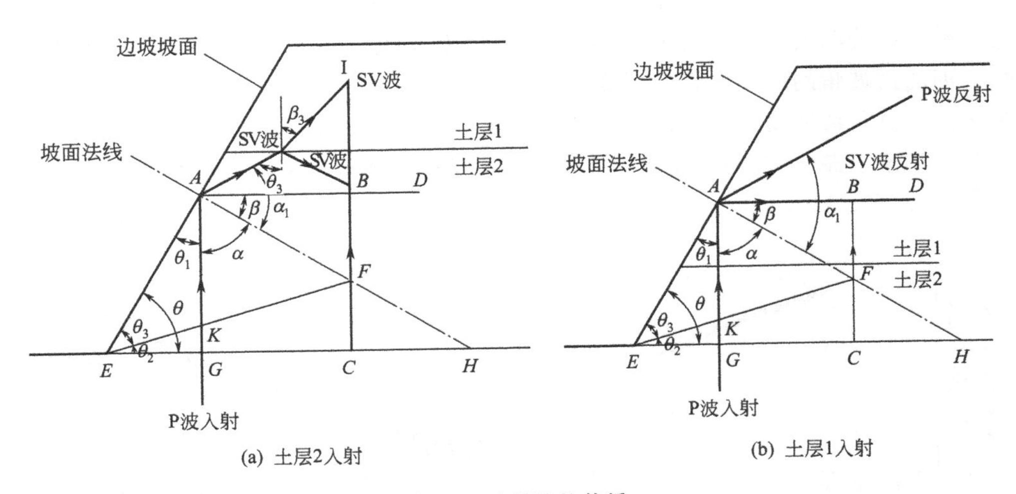

图 5-3 地震波的传播

5.2 地震波传播对锚固承载的影响

5.2.1 边坡土体地震动力响应波动方程

锚杆支护边坡设计中，锚固力是边坡锚固结构是否失效的最重要影响因素之一，锚杆承载能力一般是在静力条件下通过拉拔试验、规范建议公式和拟静力法求解静力平衡方程计算确定，而工程中往往忽略了地震动力响应引起的土体结构改变、强度减弱、锚固力降低等影响[104]。为此本书基于地震波在土体介质传播过程中加速度沿锚杆轴向的分布特征，计算得到地震荷载作用相应于静力条件需增加的锚固力补偿值。沿用上述假定土体仍为均质、连续、各向同性弹性体，依据弹性力学理论，将沿锚杆轴向锚固微元体的几何方程和本构方程代入平衡方程，在不考虑体力条件下的 Lame-Navier 方程为[101]

$$\frac{E_s}{2(1+\nu)}u_{i,jj}+\left[\lambda+\frac{E_s}{3(1-2\nu)}\right]u_{j,ji}=\rho_s\ddot{u}_i \tag{5-14}$$

采用 Helmholtz 推导的位移函数式为

$$u_{,i}=\varphi_{,i}+(\Psi_{k,j}-\Psi_{j,k}) \tag{5-15}$$

将式(5-15) 的位移函数分别求散度和旋度后，代入式(5-14)，并结合拉普拉斯算子运算性质 $\nabla\times\nabla\varphi=0$ 和 $\nabla\cdot\nabla\times\Psi=0$，得到纵波和横波的波动方程。

P 波波动方程为

$$(L+2\nabla)\varphi=\rho_s\ddot{\varphi} \tag{5-16}$$

SV 波波动方程为

$$\nabla\Psi=\rho_s\ddot{\Psi} \tag{5-17}$$

以上式中 φ，Ψ——势函数；

L——拉梅常数，$L=\dfrac{\nu E_s}{(1+\nu)(1-2\nu)}$；

E_s——土体的弹性模量；

ν——土体的泊松比；

ρ_s——土体的密度。

从坡底入射的地震波在边坡土体中传播可以视为平面波，为便于研究该地震波入射、反射、干涉对坡面及锚固结构稳定性的影响，考虑是地震纵波 P 波从坡底向坡内的入射，结合式(5-16) P 波波动方程，该方程的二阶微分表达式为

$$\frac{\partial^2 u}{\partial t^2}-C^2\frac{\partial^2 u}{\partial X^2}=0 \tag{5-18}$$

根据傅里叶定理，式(5-18) 的波动方程解为以下表达形式[29]

$$u(x,y,z,t)=A\exp(i\omega t) \tag{5-19}$$

其中二维波动方程为

$$u(x,z,t)=A\exp(i\omega t) \tag{5-20}$$

以上式中 A——地震波振幅；

ω——圆频率；

C——波速；

i——虚数单位。

5.2.2 地震动力响应锚固力的补偿值

根据图 5-4 地震波在土锚边坡传播的简化的计算模型，地震波传播过程中，在坡表处应力与质点振动速度关系满足[101,105]

$$\sigma_n=-2(\rho_s C_p)v_n \tag{5-21}$$

$$\sigma_s=-2(\rho_s C_s)v_s \tag{5-22}$$

式中 σ_n——法向应力；

σ_s——剪应力；

C_p——土体中纵波的传播速度；

C_s——土体中横波的传播速度；

v_n——质点的竖向振动速度；

v_s——质点的水平向振动速度；

2——系数，表示以边坡底部为界，地震波沿此边界垂直向上向下等量传播；

-——负号表示振动方向与力背离。

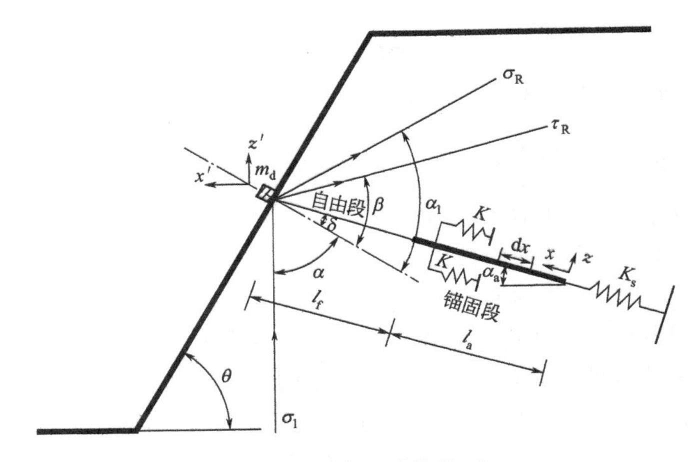

图 5-4　简化的计算模型

l_f—锚杆自由段长度；l_a—锚固段长度；α_a—锚杆安设角；K—土体与锚固体界面切向弹簧刚度系数；K_S—锚固底端土体弹簧刚度系数

依据本书参考文献［101］，当 P 波入射到坡表自由面处，反射应力与入射应力关系为

$$\begin{cases}\sigma_R=-R\sigma_I \\ \tau_R=[(1+R)\arctan(2\beta_2)]\sigma_I\end{cases} \tag{5-23}$$

$$R=\frac{\tan\beta_2\tan^2 2\beta_2-\tan\alpha}{\tan\beta_2\tan^2 2\beta_2+\tan\alpha}$$

式中　R——反射系数；

σ_I——入射纵波应力；

σ_R——反射纵波应力；

τ_R——反射横波应力；

β_2——SV 波与水平面的夹角。

在锚杆自由段和锚固段范围内分别选取 dx 微段作为分析对象，不考虑锚固土体的阻尼系数，根据达朗伯原理，地震波沿轴向运动方程为

（1）锚杆自由段

$$A_b\frac{\partial\sigma_1}{\partial x}dx+\frac{\partial^2 u_1}{\partial t^2}dm_b=\frac{\partial^2 u_s}{\partial t^2}dm_b \tag{5-24}$$

（2）锚杆锚固段

$$A_a\frac{\partial\sigma_2}{\partial x}dx-\frac{\partial^2 u_2}{\partial t^2}dm_a+\frac{\partial^2 u_s}{\partial t^2}dm_a=dQ \tag{5-25}$$

$$dQ=ku_2U_a dx \tag{5-26}$$

式中　A_b——杆体截面积；

A_a——锚固体的截面积；

σ_1，σ_2——自由段和锚固段轴向拉应力；

m_b，m_a——杆体和锚固体微元质量；

u_1，u_2——自由段和锚固段的轴向位移；

u_s——坡体土体轴向位移；

U_a——锚固段周长；

dQ——锚固段微元上剪切力。

（3）边界条件

$$E_2A_a\frac{\partial u_2}{\partial x}\bigg|_{x=0}=k_su_2\bigg|_{x=0} \tag{5-27}$$

$$E_1A_b\frac{\partial u_1}{\partial x}\bigg|_{x=l}=m_d\frac{\partial^2 u_1}{\partial x^2}\bigg|_{x=l} \tag{5-28}$$

自由段与锚固段连接界面应满足位移及轴力连续条件

$$u_1|_{x=l_a}=u_2|_{x=l_a} \tag{5-29}$$

$$E_1A_b\frac{\partial u_1}{\partial x}\bigg|_{x=l_a}=E_2A_a\frac{\partial u_2}{\partial x}\bigg|_{x=l_a} \tag{5-30}$$

入射纵波在均匀土坡传播过程中，沿锚杆轴向的运动方程为

$$\rho_s\frac{\partial^2 u_s}{\partial t^2}-\frac{E_s}{2(1+\upsilon)}\rho_s\frac{\partial^2 u_s}{\partial z^2}=\rho_s\frac{\partial^2 u_p}{\partial t^2} \tag{5-31}$$

式中　ρ_s——土体密度；

E_s——土体弹性模量；

u_p——坡底输入的地震纵波荷载。

根据本书参考文献［24］得到地震纵波波速 u_p 为：

$$u_p(x,z,t)=A\exp(i\omega t) \tag{5-32}$$

由地震动纵波加速度可以得到土体中沿轴向的加速度为

$$\frac{\partial^2 u_s}{\partial t^2}=\frac{[\sin\alpha_a-R\sin(2\alpha-\alpha_a)-(1+R)\arctan(2\beta)\sin(\alpha+\beta+\alpha_a)]\int\sigma_I ds}{m_d} \tag{5-33}$$

$$\delta=\frac{\pi}{2}-(\alpha_a+\alpha) \tag{5-34}$$

式中　α_a——锚杆的安设角；

m_d——锚杆自由段端头等效集中质量；

R——反射系数；

σ_{I}——入射纵波应力。

因此，在地震荷载作用下，要保证锚杆支护边坡的稳定，需在锚杆静载荷平衡下仍另外增加的锚固力 N，即补偿值，其计算式为

$$N=\frac{[\sin\alpha_{\mathrm{a}}-R\sin(2\alpha-\alpha_{\mathrm{a}})-(1+R)\arctan(2\beta)\sin(\alpha+\beta+\alpha_{\mathrm{a}})]\int\sigma_{\mathrm{I}}\mathrm{d}s}{m_{\mathrm{d}}}-\rho_{\mathrm{a}}Al_{\mathrm{f}} \tag{5-35}$$

从式(5-35)可以看出，锚固结构中，锚固力的补偿值与边坡角、坡高、土体密度、锚杆安设角、锚头等效集中质量、自由段长度和波速等因素有关，且影响因素又复杂多变，这是将进一步研究的内容。

5.3 交通荷载对锚固承载的影响

重载交通通常以车辆轴重超过规定限值，对道路产生一次性破坏为特点，存在着反复维修反复破坏的情况。重载交通动力效应主要是行驶车轮与路面的撞击引起的振动，尤其刚性路面振动，其振动能量与车重、行车速度、路面刚度和路基土性等因素有关[1]，同时振动对路基边坡的加剧破坏还受到强降雨、地质条件等客观因素的影响。目前，我国公路货运超载情况普遍，平均超载达到了额定荷载的50%以上，甚至还超过额定荷载的200%，单轴、双联后轴、三联后轴轴重分别高达300kN、600kN、800kN，加上公路运输里程长、沿线地质条件差异性大，势必对已有锚杆加固边坡的稳定性产生重要影响，导致交通中断，造成人员伤亡和财产损失。关于重载交通对锚杆支护边坡的影响范围、锚杆自由段的减震效应和锚固设计参数的动力响应研究鲜见报道。

路基边坡由坡底（含道路中线）、坡脚、坡面和坡顶组成，重载交通对边坡的动力效应主要是路面振动从竖向和水平向由坡底通过岩土介质向上传播到坡体内部和坡面，到达坡顶，且在坡体介质中产生纵、横向位移，对边坡稳定性造成影响。依据本书参考文献［52］，重载交通引起的路面振动频带宽而凸显，振动随距离的衰减规律基本一样。为了研究振动波在坡体内传播过程中对坡面影响范围的结论具有普遍性，首先假定边坡土体是均匀、连续的弹性体，考虑弹性体中纵波传播速度大于横波波速，即在有限高的边坡范围内，纵波入射最先到达坡面，因而将道路振动对边坡坡面传播过程简化为纵波自坡底垂直向上的入射[52]。P波入射的传播模型如图5-5所示。

图5-5中，θ 为边坡坡角，AH 为坡面入射点法向方向，当P波垂直入射时，满足 $\theta=\alpha$，d 为双圆荷载当量圆直径，取 $d=0.213\mathrm{m}$，p 为轮胎接触压力，采用规范规定标准轴载BZZ-100kN的轮载700kPa。

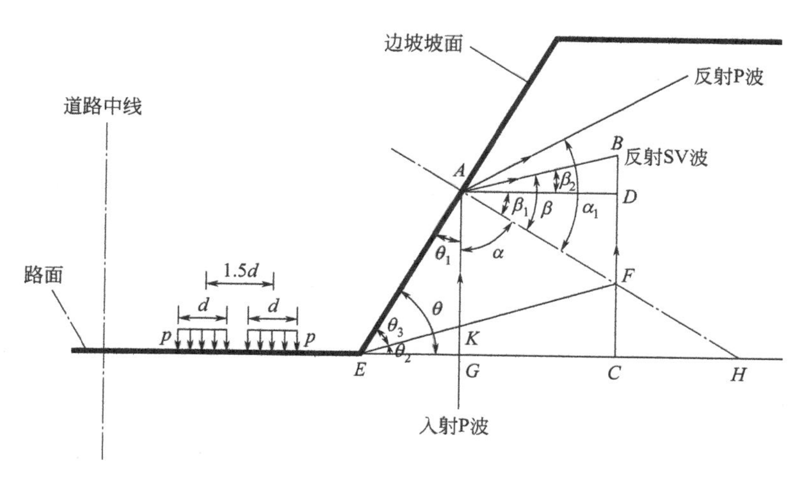

图 5-5 P 波入射的传播模型

5.4 算例分析

5.4.1 计算模型与计算参数

为验证式(5-11)、式(5-13) 和式(5-35) 理论推导的有效性和适用性，选取湖南省境内某一受震影响的土质边坡工程为算例。土质为均匀、连续、各向同性，模拟计算中视土体为弹塑性材料，采用 Mohr-Coulomb 强度准则，计算宽度为 70m，边坡高 18m，坡度为 45°（为便于分析问题和总结规律仅取边坡角为 45°时，地震动对锚杆和预应力的影响），边坡安全等级为二级，土体力学参数如表 5-1 所示。计算模型采用六面体网格单元，单元边长为 1.0m，边界条件为截断边界的有限区域求解，在边坡左侧和右侧均采用黏滞边界，即在模型左右两侧的法向和切向分别设置阻尼器，以减少反射波对计算结果的影响，还可以缩减动力计算耗时，同时为了保证边界上速度计算的有效性，只能采用动力时程输入地震荷载。因边坡结构简单，阻尼采用瑞利阻尼（只是作为计算模型边界条件输入），在动力计算过程中通过调整速度谱（频率范围覆盖主要动力能量），获得中间频率 f_{mid}，取 $f_{mid}=1\text{Hz}$，抗震设防烈度为 8 度，地震加速度峰值 $a_{max}=0.2g$，持续时间为 5s，边坡计算范围及边界条件如图 5-6 所示，动荷载作用的速度时程如图 5-7 所示，土体和锚杆物理力学参数分别见表 5-1 和表 5-2。

从图 5-7 可以看到，坡表测点（图 5-7 中点 P_1、P_2 和 P_3）速度为指向坡面临空面的负速度，沿高程速度逐渐减小，并随着地震持时，速度趋于稳定，在坡顶位置的土体出现静止状态。

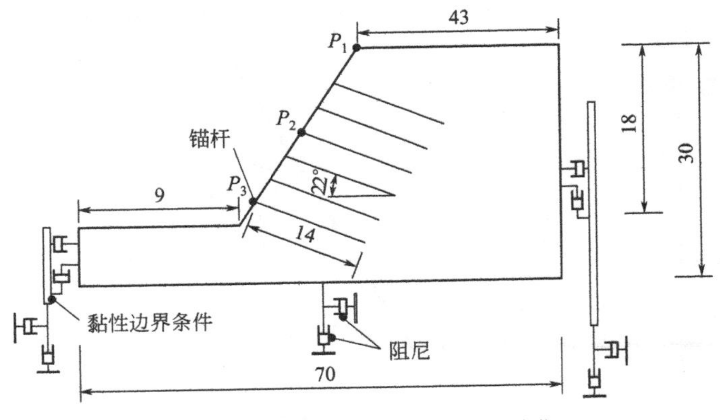

图 5-6　边坡计算范围及边界条件（单位：m）

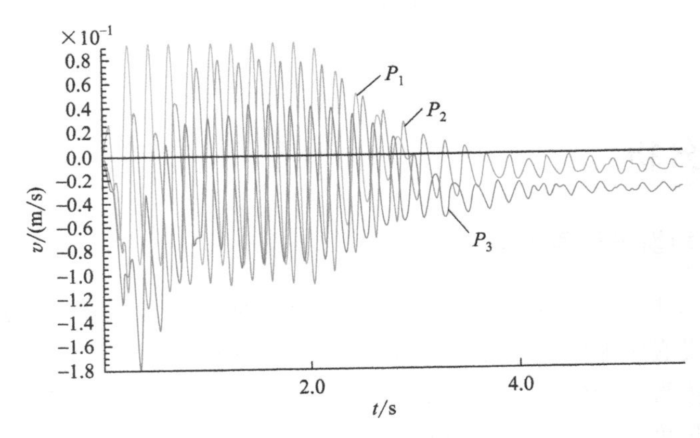

图 5-7　动荷载作用的速度时程

表 5-1　土体物理力学参数

密度 ρ/(kg/m³)	黏结力 c/kPa	内摩擦角 φ/(°)	弹性模量 E_s/MPa	泊松比 ν	阻尼数 ξ/(kN·m/s)
1800	20	15	6	0.3	8200

表 5-2　锚杆物理力学参数

锚孔直径 D/mm	钢筋直径 ϕ/mm	弹性模量 E_a/GPa	黏结强度 τ/kPa	切向弹簧刚度 K/(kN/m)	底端弹簧刚度 K_s/(kN/m)	等效质量 m_d/kg	预应力 T/kN	补偿值 N/kN
110	25	20	50	250	40	3000	200	30

利用 FLAC3D 软件进行岩土工程数值分析的步骤一般为以下 8 步：

第 1 步：确定分析的目标和内容；

第 2 步：选择合理的数值计算模型；

第 3 步：确定模型计算参数；

第 4 步：选定计算的边界条件和初始条件；

第 5 步：粗略网格的试算；

第 6 步：检测计算结果；

第 7 步：精确模拟和计算；

第 8 步：得出计算结果。

一个计算循环完成，以后将按时步 Δt 进行下一轮循环，直至问题收敛。其计算流程如图 5-8 所示。

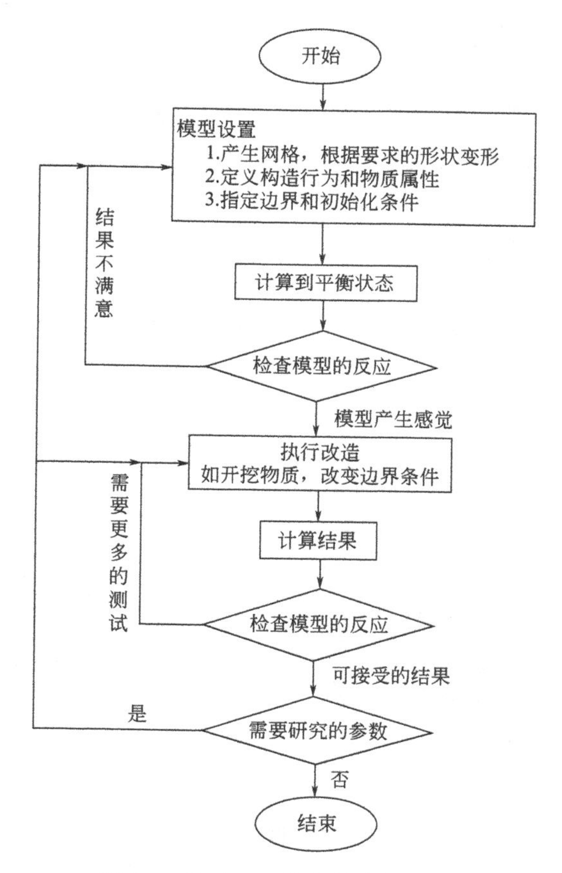

图 5-8　FLAC3D 软件的计算流程

5.4.2　未考虑动荷载对锚杆支护边坡的影响

（1）位移计算结果

在未考虑动载条件下，边坡的垂直位移分布比较均匀，主要为指向下方的负位移，最大垂直位移为 3.2cm，集中在坡肩位置，在坡底处垂直位移比较小，最小位移 5mm。图 5-9 和图 5-10 分别为未考虑动荷载下垂直位移分布和水平位移分布。

图 5-10 中边坡的水平位移为指向坡面临空面的负位移，最大水平位移为 2.6cm，集中在坡脚位置，已存在滑移隐患，在边坡后部水平位移较小，但垂直位移的变化较水平位移要显著，主要原因是锚固加固减弱了水平位移[52]。

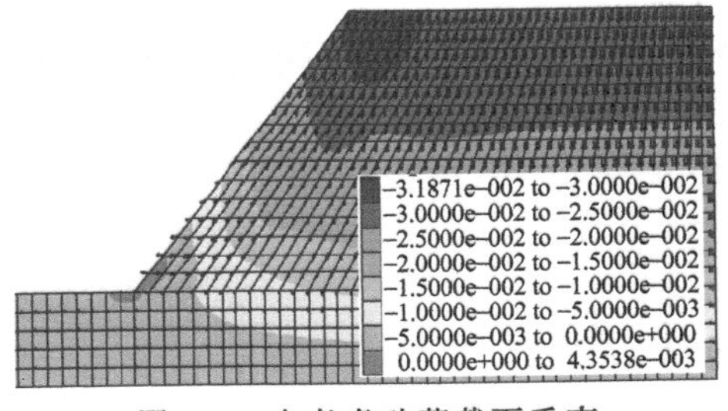

图 5-9　未考虑动荷载下垂直位移分布（单位：m）

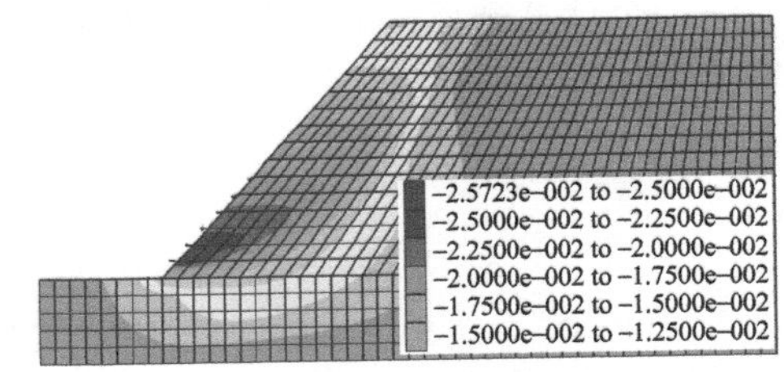

图 5-10　未考虑动荷载下水平位移分布（单位：m）

（2）剪应变率计算结果

在锚杆支护边坡数值静力计算中，首先通过搜索边坡潜在滑移面来确定滑体的加固范围，再实施锚杆抗拔力来稳定滑体，使失稳的边坡达到稳定。这里是基于剪应变率分布云图（图 5-11），来确定滑面剪切带，再初拟锚杆长度，结算结果如图 5-12 所示。

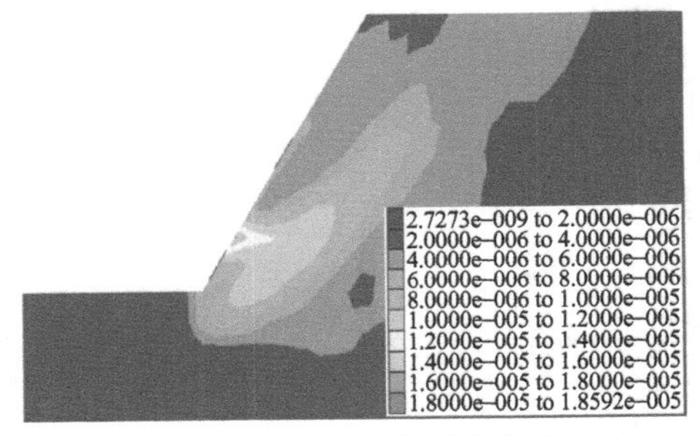

图 5-11　未加锚杆静载条件边坡剪应变率云图

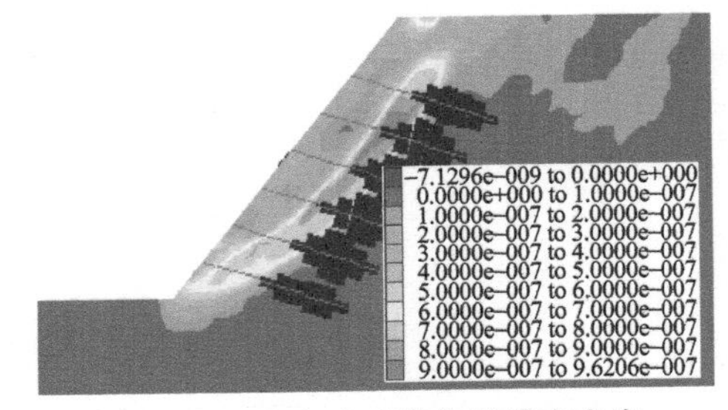

图 5-12　未考虑动载作用剪应变率与锚杆轴力分布

从图 5-12 中可以看到边坡呈现从坡脚延伸到坡顶的牵引式滑动，拟用六排预应力锚杆加固。根据已贯通的剪切塑性区范围，采用设计长度为 10m、预应力为 200kN 的锚杆。计算显示锚杆剪应力分布较均匀，主要呈现为拉应力，且在边坡中部有限区域出现锚杆剪应力增大现象。

5.4.3　地震作用下对锚杆支护边坡的影响

（1）位移计算结果

由于在边坡左、右侧采用了黏滞边界，为减少反射波对计算结果的影响，缩短动力耗时，同时还为了保证边界上速度计算的有效应，采用应力时程输入动荷载，通过中间频率 $f_{mid}=1Hz$、加速度峰值 $a_{max}=0.2g$ 和持时 5s 设置动载参数。

在考虑重载交通动载响应情况下，边坡的垂直位移分布不均匀，主要指向下方的负位移，在坡表垂直位移变化较坡内和坡底要显著，垂直位移分布更集中，最大位移达到 4.4cm，超过未考虑动力响应最大位移值 40%。而在坡脚局部位移出现了指向上方的正位移，主要是土体沉降和剪切挤压引起。最大水平位移也集中在坡脚和中下部坡面浅表范围，最大水平位移为 3.8cm，超过未考虑动力响应最大水平位移值 46%，同时垂直位移变化较水平位移也要明显。图 5-13 和图 5-14 分别为考虑地震效应下的垂直位移分布和水平位移分布。

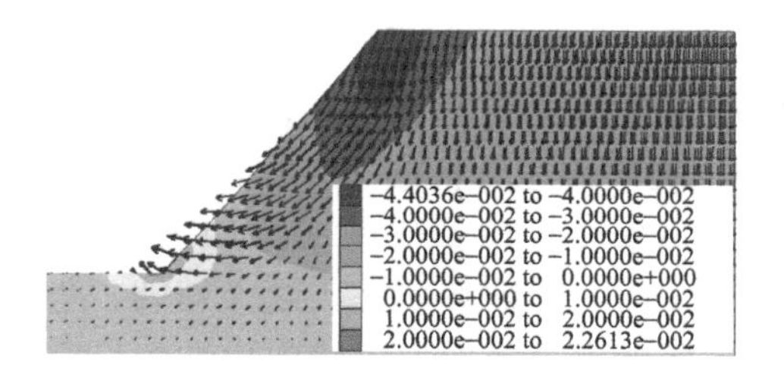

图 5-13　考虑地震效应下垂直位移分布（单位：m）

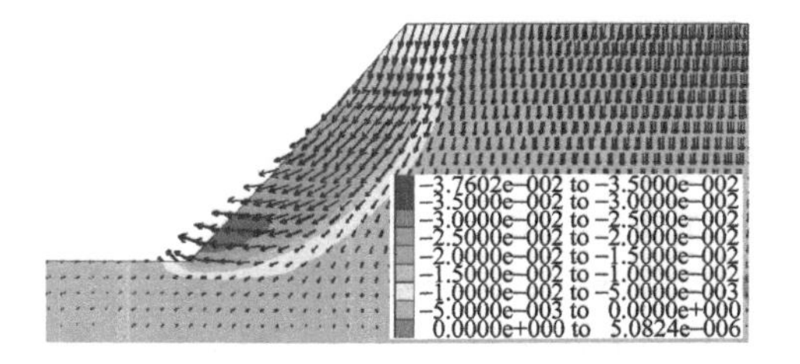

图 5-14　考虑地震效应下水平位移分布（单位：m）

（2）剪应变率计算结果

为分析动力响应对锚杆长度和预应力补偿值的影响，在边坡边界实施黏滞条件，动荷载采用应力时程，通过运用式(5-21）将速度时程转化为应力时程。根据上述的研究成果，采用长度为 1 倍波长（$L=14m$）、预应力为 230kN（计算补偿值为 30kN）的锚杆进行抗震效果分析。通过功能强大的有限差分软件得到动荷载作用下，锚固结构的剪应力、轴力和塑性区的分布特征，如图 5-15 所示。

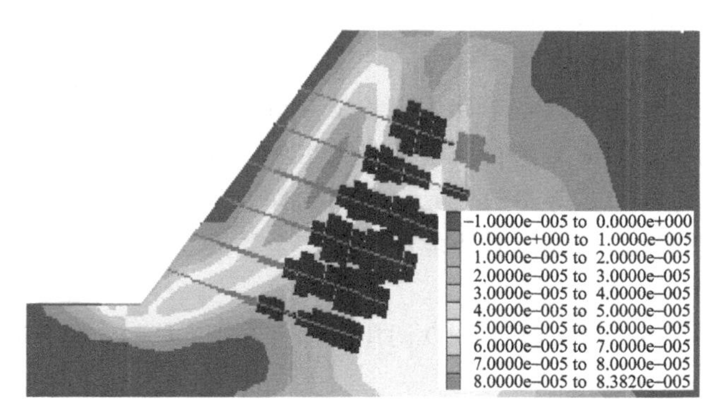

图 5-15　考虑地震效应剪应变率与锚杆轴力分布

在地震荷载作用下，剪应变率逐渐从坡脚向上延伸到坡体中部，并形成剪切核，即塑性区已沿坡表垂直向内继续扩展了4m左右，因此锚杆长度取14m是可行的，这与上述研究结论较吻合；锚杆剪力分布不均匀，主要呈现为拉应力，在坡体中部剪应力最大，较静力状况在入射波应力作用下，轴向力增大了15%左右，且还出现双驼峰剪力分布特征，在坡底剪应力较小，在锚杆自由段和坡顶锚杆锚固段出现了压应力。比较图5-11的计算结果，结合式(5-13) 干涉叠加振动增强的影响范围，此时坡体内剪切区增大，沿坡面垂直向内影响范围在14m左右，因此采用设计长度为14m、预应力230kN的锚杆加固边坡，相应于静力条件下的剪应变率显著减小，且剪切核也逐渐缩小，抗震加固效果明显，也验证了理论推导应用于工程实践的有效性和适用性。

(3) 受锚土体单元强度发挥系数[85]

强度发挥系数（SEF）和点安全度特性以数值程序计算的收敛性，来计算边坡的安全系数和点安全度的分布[106]。SEF值定义为实际应力状态下的剪应力除以抗剪强度，其值正好为边坡稳定系数的倒数（即点安全度的倒数）。当SEF＝1时，为极限状态；SEF＜1时，为稳定状态；SEF＞1时，为破坏状态，意义明朗。当土体材料抗剪强度指标 c 和 φ 值降低时，其抗剪强度会降低，影响到边坡的稳定性。书中的点安全系数是对计算机程序GEOEPL2D的一种改进，主要用于岩土结构力学的分析。

该程序的功能和特点如下。

① 用于求解平面应力、平面应变和轴对称问题。

② 适用于两种荷载施加方式：

a. 一次施加；

b. 分阶段施加并采用模拟开挖效应的释放荷载。荷载均采用分级施加及增量荷载方式，以照顾非线性求解的需要。

③ 采用弹塑性本构关系模拟材料的非线性。

④ 采用了初始刚度法、切线刚度法和混合法三种方式求解非线性拟静态问题，可供选择。

⑤ 采用相关联流动法则，本计算用的是Drucker-Prager屈服准则。

⑥ 对超出屈服面的应力进行调整，以满足屈服准则和本构关系。

⑦ 采用4、8、9节点等参数单元，本书选择8节点等参单元。

⑧ 结合强度折减法，能得到边坡的整体安全系数。

(4) 程序结构和框图

主程序PROGRAM GEOEPL2D调用各个子程序以完成整个运算。其结构和简化框图如图5-16所示。

再次利用弹塑性GEOEPL2D程序计算出边坡土体强度发挥系数SEF，其次把计算得到的数据文件导入Surfer软件得出等值线。最后从等值线图中可看出较大

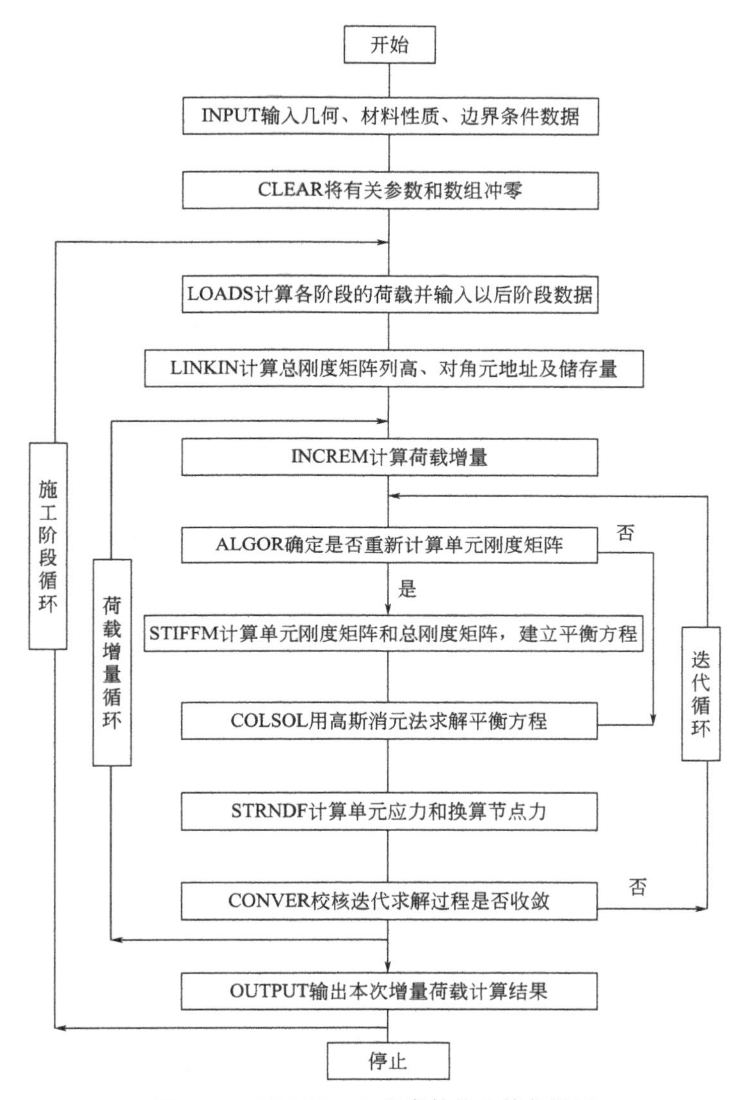

图 5-16　GEOEPL2D 程序结构和简化框图

SEF 值所在的区域，这个区域就是临界的塑性区。值得指出的是，由于 Surfer 软件自身绘图的缺陷及考虑到图形的简洁和可视性，未在图中明确绘出塑性区的详细分布情况。书中方法可以在研究区域很直观地观察到点安全度（抗剪强度发挥系数）的分布特性，这是传统安全系数计算图式不可得到的。

从图 5-17 中可以看到，静载条件下受锚边坡的安全系数为 1.23，剪应变率分布为 $1\times10^{-6}\sim6.9\times10^{-6}$，同时还可以得到：各排锚杆剪应力的非均匀分布特征，仅边坡上部一排锚杆轴力较小，主要呈现为拉应力，且在边坡中部有限区域出现锚杆剪应力增大现象。在地震荷载作用下，剪应变率和塑性区具有增大的趋势，剪应

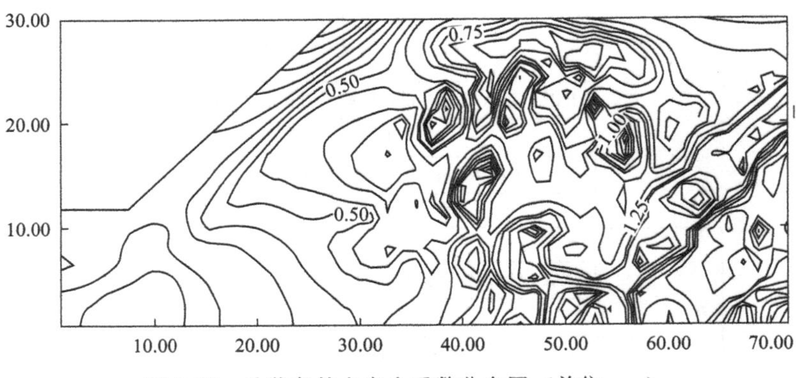

图 5-17 动载条件点安全系数分布图（单位：m）

变率分布为 $1\times10^{-4}\sim6.63\times10^{-4}$，且在坡表浅部区域出现了较大的塑性区，边坡具有潜在的滑动趋势，同时边坡上部锚杆也承受了较大的荷载，经计算得到受锚边坡的安全系数为 1.04，因此为了保证受锚边坡抗震稳定性必须要对锚杆设计长度和预应力锚固设计参数进行调整。

第6章 土水化学腐蚀对锚固承载的影响

自然界中，土体由三相组成，即固体颗粒、孔隙水和孔隙气，其中土中的水呈液态、固态和气态分布，常常与地下水不断地进行交换和渗透。地下水中含有大量的阴阳离子，如 K^+、Na^+、Ca^{2+}、Mg^{2+}、Al^{3+}、HCO^-、Cl^-、NO_3^-等，并且水是造成地质环境灾害的一个重要因素，有时它比土体本身力学效应造成的损害更严重。工程实践显示，地下水中离子质量浓度的变化对土锚结构的承载能力会产生重要的影响。目前已有很多学者对水岩化学作用进行了大量的研究，而土水化学作用的研究相对滞后，主要原因是与土体工程赋存的复杂环境有关[85,107]。

6.1 土水离子效应对土体力学性能的影响

6.1.1 土体中离子分布

土颗粒在含有离子成分的地下水中被浸润，发生一系列的化学反应，新生成的物质离散性大，必将对土体强度和变形产生显著的影响，破坏土颗粒的结构，致使强度降低，同时减弱土体结构物的稳定性。土颗粒黏聚力是土体强度的主要指标之一，其主要由电分子吸引的原始黏聚力和受分子结构控制的固有黏聚力所组成。经过土水化学反应后新生成矿物的颗粒大小一般比原生矿物颗粒小，且颗粒薄片间距也会增大，促使颗粒之间面与面的接触变为点与点、点与面的接触，土颗粒间的表面摩擦和颗粒间的连锁作用减弱，这充分表明土水离子交换后分子间的吸引力减小，同时发生土体材料的内摩擦角、黏聚力和变形模量的减弱效应，致使土体强度降低，工程失稳，因此，控制地下水中离子的交换和质量浓度很关键。目前土锚工程的稳定性分析和加固大都是基于物理力学变化，主要改善材料的力学效应，这就使得一味追求抗滑力来增加稳定性，最终会使成本增加。土锚结构锚固力和土体自承载能力的发挥与土体材料的黏聚力，内摩擦角和变形模量等指标有关，当三者取大值时，稳定性就好，反之就差。因此如何控制地下水中离子质量浓度获得三个指标的最优值对土锚结构的稳定性尤为关键。

土体介质孔隙中的水化学溶液与矿物颗粒或晶体发生化学反应，使原生矿物分解并生成新的次生矿物，而新生成物质常具有高度的分散性，同时水化学作用产生的易溶矿物则容易随水流失，结果导致介质中的孔隙增大，含水量增加，有效应力降低和强度减弱，给工程造成隐患。

原生矿物中最普遍的成分是长石，是一种空间结构带负电荷的硅酸盐矿物，由于阳离子的交换作用，配位数目增多，由此产生开放式结构和单元间成键强度降低，经水化学作用生成高岭石、伊利石和胶体，可塑性高，压缩性高和强度低。相应的化学反应方程式为

$$4NaAlSi_3O_8(\text{钠长石})+6H_2O\rightarrow Al_4(Si_4O_{10})(OH)_8(\text{高岭石})+8SiO_2(\text{胶体})+4NaOH \tag{6-1}$$

$$4KAlSi_3O_8(\text{钾长石})+6H_2O\rightarrow Al_4(Si_4O_{10})(OH)_8(\text{高岭石})+8SiO_2(\text{胶体})+4KOH \tag{6-2}$$

次生矿物分子间的吸引力由下式计算

$$V=-\frac{A}{48\pi}\left[\frac{1}{d^2}+\frac{1}{(d+\delta)^2}-\frac{2}{\left(d+\frac{1}{2}\delta\right)^2}\right] \tag{6-3}$$

式中 V——分子间的吸引力；

d——颗粒薄片间距的一半；

A——范德华常数；

δ——薄片厚度。

在这里 δ 取 9.68×10^{-10}m，d 取 1.16×10^{-10}m，A 取 10～21J，计算可得分子间的引力为 4.62×10^{-4}J/m^2，比原生矿物分子间的引力少 1～2 个数量级。

颗粒黏结力主要由受电分子吸引的原始黏结力和受分子结构控制的固有黏结力组成。次生矿物的颗粒大小一般比原生矿物颗粒小，致使颗粒之间面与面的接触变为点与点、点与面的接触，土颗粒间的表面摩擦和颗粒间的连锁作用减弱，这充分表明水化作用对内摩擦角和黏结力的减弱效应，致使土体强度降低。

6.1.2 指标测试与回归分析

研究中，通过现场机动地质钻探，分别钻取路基技术孔和标贯孔，并从中采取土样（试验段主要为粉质黏土）和水样，分析其阴、阳离子含量的方式来进行统计分析研究。为满足研究的需要，采取对不同里程段的试样加以提取，并完成水化学

分析，具体试验数据如表 6-1 所示。

表 6-1　地下水化学分析结果

编号	总矿化度 P_m/(mg/L)	pH 值	硬度	游离 CO_2 P_d/(mg/L)	阳离子含量 P_c/(mg/L)			阴离子含量 P_n/(mg/L)			
					K^+、Na^+	Ca^{2+}	Mg^+	Cl^-	SO_4^-	HCO_3^-	NO_3^-
DIK1578+483.9	288.76	7.12	4.29	13.2	31.36	54.65	18.96	12.87	25	289.85	1
DIK1585+440.5	156.39	7.46	2.47	4.4	12.86	42.16	4.05	14.85	5	152.55	0.5
DIK1586+542.95	96.44	6.95	1.36	13.2	9.32	18.22	5.51	11.88	20	61.02	1
DIK1595+917.83	111.84	6.6	1.53	11.0	12.53	23.57	4.28	17.82	15	76.28	0.5

从表 6-1 中可看出，该段路基地下水中含有的化学成分其数值具有很大的离散性，其中变化最大的是 HCO_3^- 离子的含量，其次是总矿化度和 Ca^{2+} 的含量，Cl^- 和 NO_3^- 的含量相对稳定，K^+、Na^+ 和 Mg^{2+} 的含量相对比较集中，分别在某一值范围内波动。土中碳酸盐物质遇到游离 CO_2 的水化学溶液，易生成溶解度更大的重碳酸盐，使矿物变得更加容易侵蚀，破坏其结构。其方程式为

$$CO_3^{2-}+CO_2+H_2O \rightarrow 2HCO_3^- \tag{6-4}$$

土样的 pH 值变化范围为 6.6～7.46，靠近地表处 pH 值为小值，主要受降雨或地表水的补给，显弱酸性和中性，而在地层深处显弱碱性。本章主要是研究离子效应对路基土体强度的影响，因此，暂不分析 pH 值对其强度的影响。

表 6-2 中，可看出该粉质黏土的物理力学某些参数指标值变化不大，水溶液的化学成分对土颗粒密度几乎不产生影响。同时，还可看到土的相对密度大小对抗剪强度指标 c、φ 值影响较小，但是，饱和度和孔隙比对抗剪强度的影响比较大。孔隙比越大内摩擦角越小，但对黏结力的影响很小。饱和度越大黏结力较大，对内摩擦角的影响较小。结合表 6-1 还可看出溶液的酸碱度与土的黏结力 c 值关系也不大，但随着 pH 值的升高内摩擦角 φ 值逐渐降低。总矿化度和硬度越小，黏结力越大，然而对内摩擦角影响不大。

表 6-2　土的物理力学参数表

编号	含水量 ω/%	相对密度 G	孔隙比 e	饱和度 s	内摩擦角 φ/(°)	黏结力 c/kPa
DIK1578+483.9	19.8	2.72	0.654	82.3	13	32.6
DIK1585+440.5	22.6	2.73	0.673	91.6	11.7	44.3
DIK1586+542.95	21.2	2.73	0.583	99.2	21.43	53.6
DIK1595+917.83	22.1	2.72	0.667	88.7	23.47	47.3

图 6-1 给出了样品中阴、阳离子 K^+、Na^+、Ca^{2+}、Mg^{2+}、Cl^-、SO_4^{2-}、HCO_3^-、NO_3^- 的含量与土体抗剪强度指标 c 值的关系，可以看出，阳离子含量中 Ca^{2+} 含量最多，与 CO_2 的水溶液生成了碳酸氢钙，矿物更加容易侵蚀，破坏土体结构，生成较少胶结物，水膜厚度增大，电分子吸引减弱，原始黏结力和固有黏结力会降低。但当 Ca^{2+} 足够多，与 SO_4^{2-} 和 CO_3^{2-} 发生反应，也有大量胶结物生成，

黏结力部分得到恢复。Mg^{2+}含量较少，但较少的Mg^{2+}也能与CO_2的水溶液发生反应，生成胶结物，固有黏结力有所提高。阴离子中HCO_3^-含量最多，离散性最大，很容易与大量的Ca^{2+}发生反应，矿物容易受到侵蚀，使土体黏结力降低。NO_3^-和Cl^-含量较少，但分布很稳定，很难生成胶结物，对黏结力影响很小。K^+、Na^+的含量也对黏结力有影响，能吸收大量的水分，水膜增厚，电分子引力减弱，随着含量的增加，黏结力逐渐减小。

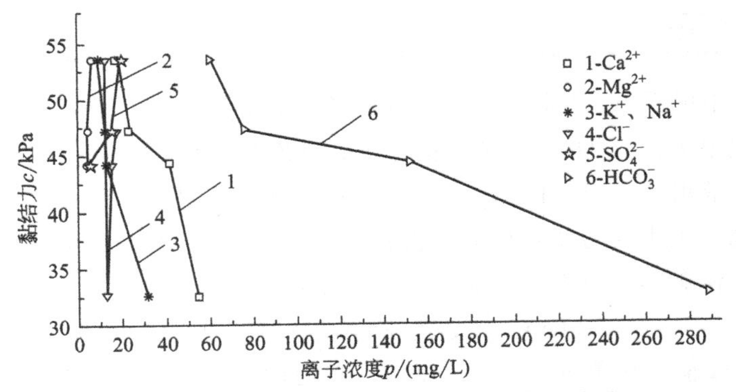

图 6-1　阴、阳离子含量与黏结力 c 值的关系

图 6-2 给出了样品中阴、阳离子K^+、Na^+、Ca^{2+}、Mg^{2+}、Cl^-、SO_4^{2-}、HCO_3^-、NO_3^-的含量与土体抗剪强度指标φ值的关系，可以看出，离子含量对内摩擦角的影响弱于对黏结力的影响。内摩擦角随离子含量的变化离散性很大。主要表现在离子交换对土体的体积变化不明显，孔隙比的大小在小范围内波动，使得颗粒表面间的摩擦和连锁作用平稳。若次生矿物中蒙脱石含量较多，压缩性增强，可塑性提高，势必对内摩擦角的影响就很大。这里暂不考虑这种情况。

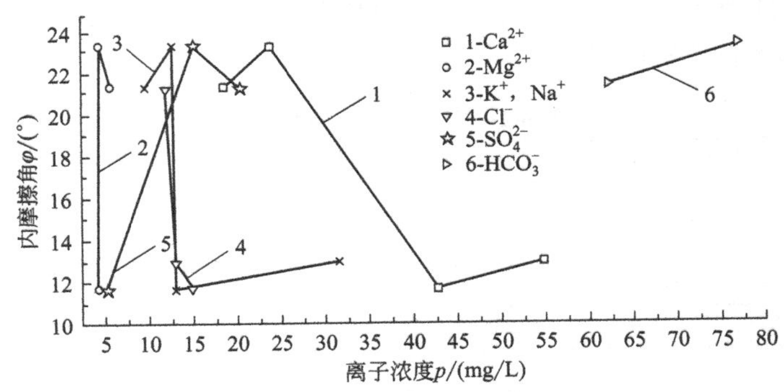

图 6-2　阴、阳离子含量与内摩擦角 φ 值的关系

为确定土体的抗剪指标与的离子化学特征存在客观的相关性。通过相关系数R^2（定义为线性回归真值与实际值之比）来确定R^2越大，表明两组数据之间的线性相关性越大。

通过表 6-1、表 6-2 和图 6-1、图 6-2 的测试图表及数据分析结果可以看到：总矿化度、硬度、K^+、Na^+、Ca^{2+}和HCO_3^-等离子含量与路基土体的抗剪强度值有一定的线性相关性。本书尝试通过相关系数R^2和直线拟合函数，并观察其函数曲线的趋势变化。相关系数越大，说明数据之间的线性相关性越好，离子效应越显著，其具体相关系数值见表6-3。

表6-3　线性相关性分析

抗剪强度	总矿化度	pH	硬度	游离CO_2	K^+、Na^+	Ca^{2+}	Mg^{2+}	Cl^-	$SO_4{}^{2-}$	$HCO_3{}^-$
c	0.946	0.106	0.940	0.002	0.911	0.894	0.732	0.101	0.099	0.943
φ	0.498	0.828	0.582	0.248	0.301	0.783	0.208	0.004	0.047	0.598

根据线性拟合，表6-3给出了各指标与抗剪强度c、φ值的相关系数值，数据R^2范围为0.002～0.9464，离散性很大。其中，大于0.8的组合分别是土的黏结力c与总矿化度为0.9464，c与硬度为0.9409，c与K^+、Na^+为0.8945，c与Ca^{2+}为0.8945，c与HCO_3^-为0.9436，土的内摩擦角φ与pH为0.8284等，共6组具有很好的线性相关性。游离的CO_2、Cl^-和SO_4^{2-}与c、φ值的线性相关性较差，相比较而言，表明各指标对黏结力有很好的相关性，对内摩擦角的相关性较小。从分析试验也可知，受水化学作用，各指标对土体黏结力产生的效应要大于内摩擦角的情况。为节省篇幅，本章只列举几种指标和抗剪强度c、φ值的相关系数线性回归图，具体关系见图6-3。

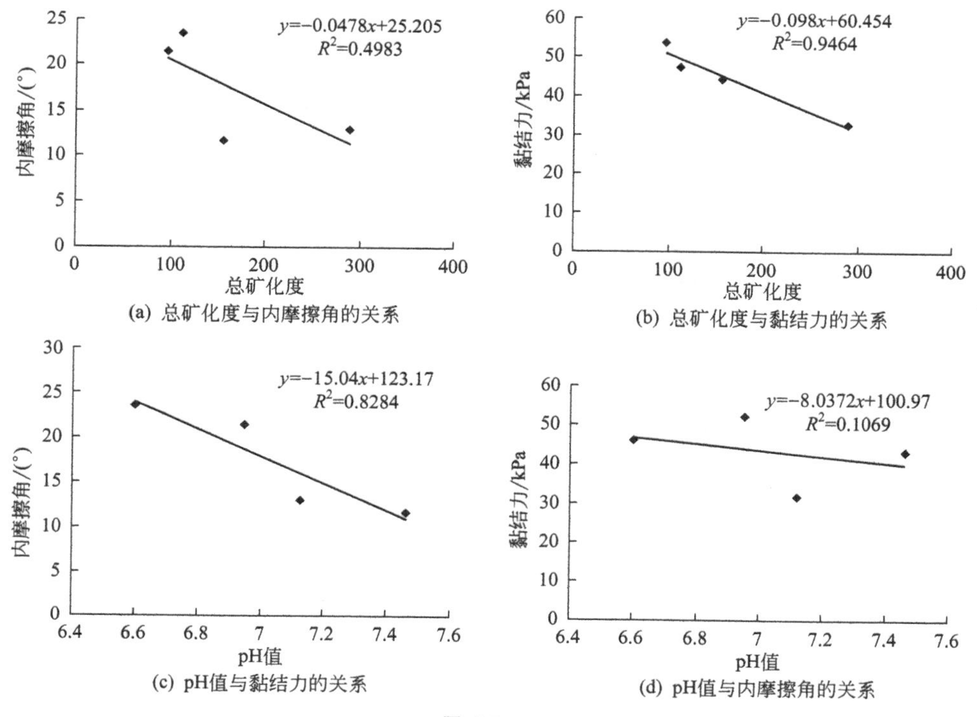

(a) 总矿化度与内摩擦角的关系　(b) 总矿化度与黏结力的关系

(c) pH值与黏结力的关系　(d) pH值与内摩擦角的关系

图6-3

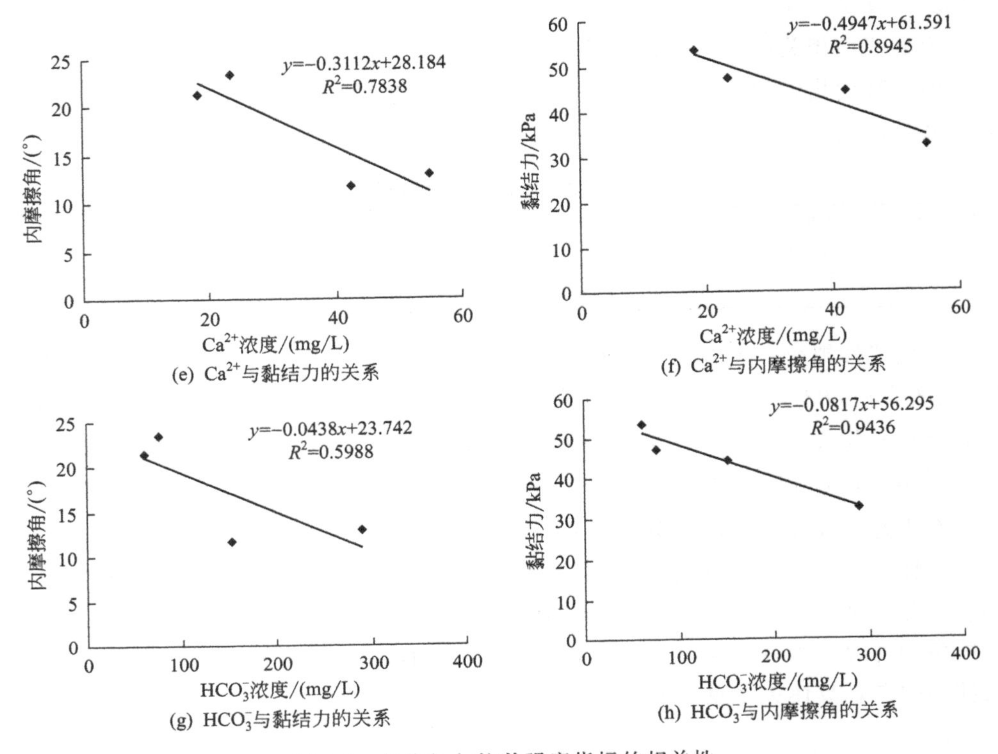

图 6-3 各指标与抗剪强度指标的相关性

6.2 化学腐蚀对锚固结构性能的改变

6.2.1 杆体的电化学反应

土体是典型的多孔材料，地下水以多种形式赋存于土体中，且土体锚杆又长期处于潮湿、干湿交替的环境中，因此地下水化学腐蚀对锚固结构与岩土体的力学特性产生了重要影响，包括材料结构的改变、应力状态的调整、强度指标的弱化等，导致钢筋锈蚀、锚固体开裂、锚固力损失等锚固结构失效的严重影响。地下水化学溶液中含有大量的 OH^-、Cl^-、HCO_3^-、Na^+、Ca^{2+}、Mg^{2+}、Al^{3+} 等，当锚杆钢筋在化学溶液中因失去电子，以离子形式溶解于水中，形成阳极，从而水中的氧得到电子后生成 OH^-，形成阴极，从而出现电位差，同时 OH^- 与失去电子的铁离子结合成 Fe^{2+} ［主要以 $Fe(OH)_2$ 存在］，再在溶液中进一步氧化生成 $Fe(OH)_3$，即形成铁锈，如图 6-4 所示[42,108]。

研究显示，锈蚀产物的体积是相应钢筋体积的 2～4 倍，锈蚀产物会对握裹的

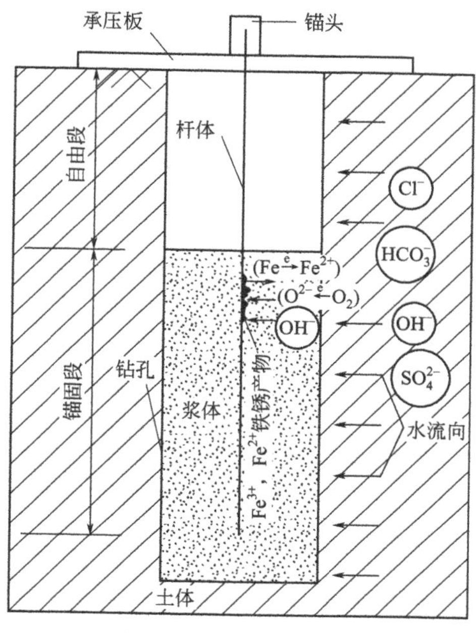

图 6-4 化学腐蚀模型

砂浆和土体产生膨胀力，从而改变锚固体界面的变形状态，形成界面的弹性变形、塑性变形和脱黏变形 3 个阶段。因此只要有水和氧存在，钢筋蚀变就会进一步发展，便会形成大量的锈蚀产物，并改变锚固结构的体积，促使应力状态不断调整，诱发锚固失效，影响锚固结构的耐久性和适用性。

6.2.2 杆体锈蚀体积改变

钢筋是锚杆的主要组成材料，其蚀变分析往往借用钢筋混凝土结构中钢筋锈蚀原理，通常用钢筋锈蚀率来衡量，即钢筋截面的质量损失。

$$\rho=\frac{\Delta m_t}{m_0}\times 100\% \tag{6-5}$$

式中 m_0——钢筋锈蚀前的质量；

Δm_t——钢筋锈蚀前后质量的变化量，$\Delta m_t=m_0-m_t$。

钢筋锈蚀时，会在钢筋表面形成不同程度的凹陷，同时锈蚀产物也会堆积在杆体表面，从而使杆体体积发生变化，如图 6-5 所示。

工程上钢筋锈蚀后体积的改变是通过名义直径 d_t 来体现的[109]。

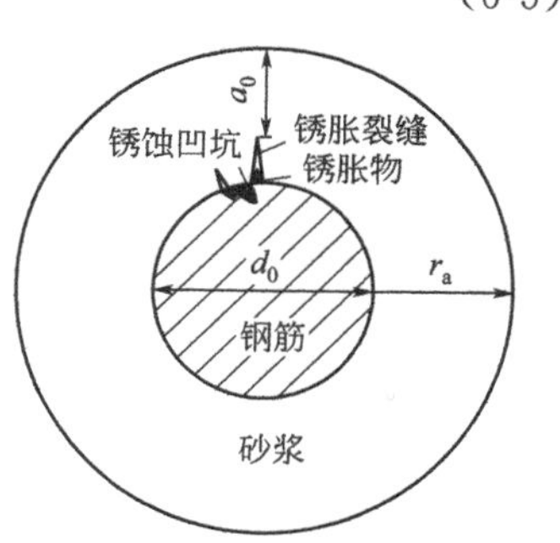

图 6-5 杆体锈蚀胀裂示意

$$d_t = d_0\sqrt{(n-1)\rho+1} \tag{6-6}$$

式中 d_0——钢筋初始直径；

n——钢筋锈蚀后体积膨胀率，通常为2～4；

ρ——钢筋的锈蚀率。

当杆体锈蚀后，因体积膨胀产生的膨胀力对握裹浆体的结构、形变和力学性能也会产生重要的影响，致使其完整性遭到破坏。

6.2.3 黏结强度的影响因素

目前，锚固结构的注浆材料主要为水泥砂浆和水泥净浆两种类型，通常前者与钢筋间的黏结强度比后者略高，因此工程上大量使用水泥砂浆作为注浆材料。砂浆黏结强度是锚固增稳的关键所在，是锚固设计中重要考虑的指标之一，它与砂浆的完整性、浆体强度、浆体厚度、充填物和施工质量等有关，综合考虑以上5个方面的因素，得到修正后的黏结强度公式为

$$\tau_{tk} = C_1C_2C_3C_4C_5\tau_0 \tag{6-7}$$

式中 τ_0——基本黏结强度；

C_1——考虑浆体完整性的修正系数；

C_2——浆体强度的修正系数；

C_3——浆体厚度的修正系数；

C_4——充填物修正系数；

C_5——施工质量修正系数。

基本黏结强度 τ_0 主要是通过拉拔试验确定，是未考虑修正系数的值。而研究表明，沿锚固钢筋长度切应力呈非均匀分布，往往在杆体钢筋的顶端和底端形成应力差，决定了黏结应力沿纵向是发生变化的，因此 τ_0 采用平均黏结强度来表示，由此可以得到

$$\tau_0 = \frac{P_{max}}{\pi L_a d_0} \tag{6-8}$$

式中 P_{max}——最大拉拔荷载；

L_a——锚固段长度；

d_0——钢筋初始直径。

工程实例表明，在黏结强度的影响因素中，浆体的强度和浆体厚度对黏结强度产生重要影响，增加砂浆的厚度可以显著提高黏结强度，但当砂浆厚度超过一定限值后，黏结强度不再继续增加。运用本书参考文献［110］的试验成果，可以得到

$$\frac{\tau_0}{f_c^{0.25}} = 0.191a_0 + 1.6 \tag{6-9}$$

式中 a_0——腐蚀后砂浆厚度；

f_c——混凝土的轴心抗压强度。

6.2.4 化学腐蚀锚固结构的力学失效

锚固作用是钢筋在轴力作用下，首先通过轴力荷载传递给砂浆体，砂浆体的切应力再传递给深部围岩土体，使得土体的剪切强度充分发挥后，来增强土体稳定性。而由于杆体的锈蚀，其结构发生变化，影响了杆体与砂浆的黏结，又加上锈蚀产生膨胀力作用，在砂浆与杆体表面形成不同程度的裂隙，使得该界面上黏结强度的降低，因此锚固效应受损。

当钢筋锈蚀后，其初始直径通常要发生变化，结合式(6-6)～式(6-8)，用名义直径 d_t 可以得到修正黏结强度与锈蚀率的关系式

$$\tau_{tk}=\frac{P_{tmax}}{\pi L_a d_0\sqrt{(n-1)\rho+1}}\prod_{i=1}^{5}C_i \tag{6-10}$$

式中　P_{tmax}——钢筋锈蚀后最大拉拔荷载变量。

6.3 土水化学蠕变效应

6.3.1 化学腐蚀蠕变耦合机理分析

土锚结构主要由杆体、砂浆和土体组成，其锚固失效常常发生在杆体与浆体、浆体与土体界面，因杆体与砂浆锚固体的强度均大于土体，在剪切力作用下，土体最容易发生较大的剪切变形，因此在砂浆与土体界面会优先形成剪切滑移面而破坏，即该剪切面上的滑移稳定性往往是通过杆体传递的轴力与土体黏结强度的比较直接进行判断。实际上，土体中分布着大量的孔隙，在传递力作用下，土体孔隙结构的稳定调整不是瞬时完成的，而是随时间在不断变化，呈现蠕变特征。同时，在地下水化学溶液腐蚀过程中，因钢筋锈蚀产物体积的扩大性，促使锈胀力作用对土体的应力状态产生显著影响，改变了土体的空隙结构，并对作用在土体上的锚固力产生严重影响，即蠕变应力随时间在不断变化着，这与传统恒定蠕变力分析锚固结构的影响是不同的。反之，当杆体的锚固力发生变化后，作用在土体的蠕变力也会不断地使土体结构发生改变，周而复始即形成杆体、砂浆和土体土锚结构的蠕变耦合效应。

6.3.2 化学腐蚀蠕变耦合效应锚固结构的变形特性

为便于进行杆体、砂浆和土体的蠕变耦合分析，做以下简化与假设：

① 土体为均质、各向同性的多孔介质材料；

② 蠕变应力来自锚固荷载的传递，暂不考虑锁定时的预应力损失和自由段的应力松弛，且不计土体自重，蠕变应力和塑性屈服应力以拉为正；

③ 化学腐蚀过程中重点考虑锚固段铁锈产物的影响，忽略其他矿物溶解的动力学方程。

地下水化学溶液对锚固结构的影响是考虑杆体锈蚀后发生强度降低和延性减弱的特性[17,18]，主要通过图 3-10 中杆体锚固段黏弹性元件 $E_{a1}(t, \rho)$ 的变化加以反映。

关于钢筋强度随锈蚀率的关系借用本书参考文献［111］的试验数据，并通过二次多项式拟合得到抗拉强度与锈蚀率的关系式，如图 6-6 所示。

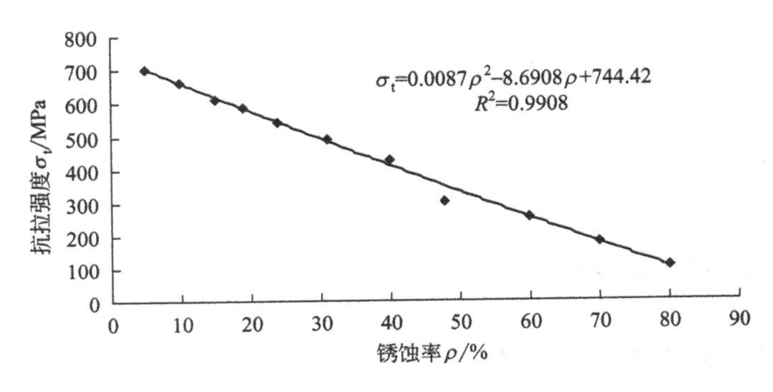

图 6-6　抗拉强度与锈蚀率关系

从图 6-6 中可以很明显地看到，随着杆体锈蚀的持续，其强度显著降低，近似比例关系，因此化学腐蚀作用对永久性锚固结构的影响不可忽视。

6.4 化学腐蚀蠕变耦合锚固力损失计算

6.4.1 时效锚固力

采用图 3-10 所示的耦合蠕变模型，根据本构关系式可以获得锚固力随时间变化的松弛方程，即 $\varepsilon=\text{const}$，由式(3-38) 和式(3-39) 可以得到

$$p_0\sigma+p_1\dot{\sigma}+p_2\ddot{\sigma}=q_0\varepsilon_c \qquad \tau<\tau_s<\tau_f \tag{6-11}$$

根据二阶常系数非齐次线性微分方程的解法，可以得到考虑杆体、砂浆和土体蠕变耦合效应，在蠕变常量为 ε_c 条件下锚固力随时间的变化值，即可得锚固力损失计算式为

$$\sigma=C_1\mathrm{e}^{\frac{m+n}{2}t}+C_2\mathrm{e}^{\frac{m-n}{2}t}+\frac{q_0}{p_2} \tag{6-12}$$

$$C_1=\frac{\left(\dfrac{q_0}{p_0}\varepsilon_c-\sigma_0\right)e^{\frac{t_{cr}(m+n)}{2}}-\dfrac{q_0}{p_0}\varepsilon_c}{e^{\frac{t_F(m+n)}{2}}-e^{\frac{t_F(m-n)}{2}}}$$

$$C_2=\frac{\left(\sigma_0-\dfrac{q_0}{p_0}\varepsilon_c\right)e^{\frac{t_{cr}(m+n)}{2}}+\dfrac{q_0}{p_0}\varepsilon_c}{e^{\frac{t_{cr}(m+n)}{2}}-e^{\frac{t_{cr}(m-n)}{2}}}$$

$$m=-\frac{p_1}{p_2}$$

$$n=\sqrt{\left(\frac{p_1}{p_2}\right)^2-\frac{4p_0}{p_2}}$$

式中　σ_0——初始应力；

t_{cr}——黏结强度完全损失的时间，即砂浆开裂屈服时间，与钢筋直径、浆体强度、浆体厚度、体积膨胀系数、锈蚀物的密度和质量等因素有关；

ε_c——蠕变常量。

6.4.2 砂浆开裂屈服时间

在式(6-12) 中，砂浆开裂屈服的时间 t_{cr} 通常沿用 Torres-Acosta[112,113] 钢筋混凝土的开裂经验公式，即

$$t_{cr}=\frac{0.11(a_0/d)[(a_0/L_s)+1]^2}{0.0116\rho} \tag{6-13}$$

式中　d——钢筋直径；

ρ——钢筋锈蚀率；

L_s——钢筋的锈蚀长度。

6.5 算例分析

因进行化学腐蚀下锚固结构的蠕变耦合现场试验操作难度大、周期长、不确定性参数多，因此为了验证耦合蠕变模型和理论计算式的有效性和实用性，以陈安敏等[114]模型试验数据作为算例，对化学腐蚀下锚固段结构与土体蠕变耦合特性进行研究，探讨地下水化学溶液对锚固结构的腐蚀和力学特性，其中对大吨位的 4# 锚杆进行分析，模拟锚杆采用直径为 6mm、壁厚为 2mm 的铜管，锚杆到边界的距离均为 20cm，锚杆间距为 40cm，注浆材料为 425# 水泥砂浆，土体材料为黄黏砂土，锚杆初始张拉力为 108N。模型结构尺寸如图 6-7 所示，锚固结构材料物理力学计

算参数如表 6-4 所示，模型试验与蠕变耦合模型计算比较结果如图 6-8 所示，预应力随时间的变化过程曲线如图 6-9 所示。

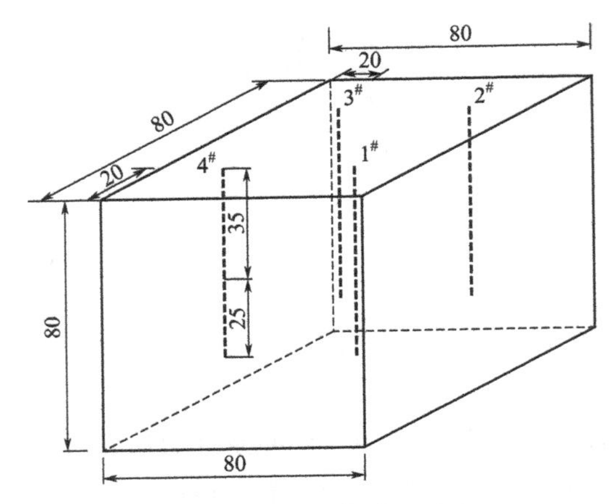

图 6-7　模型结构尺寸[114]（单位：cm）

表 6-4　锚固结构材料物理力学计算参数

土体	$\tilde{\omega}$/%	γ /(kN/m³)	R_c /MPa	R_c /kPa	E_0 /MPa	c /kPa	φ /(°)	钢筋	d_0 /mm	L_s /cm	n /mm	砂浆	r_a /cm	M /MPa
	16.5	20	0.15	40	20.66	11	19		6	25	3		1.5	25

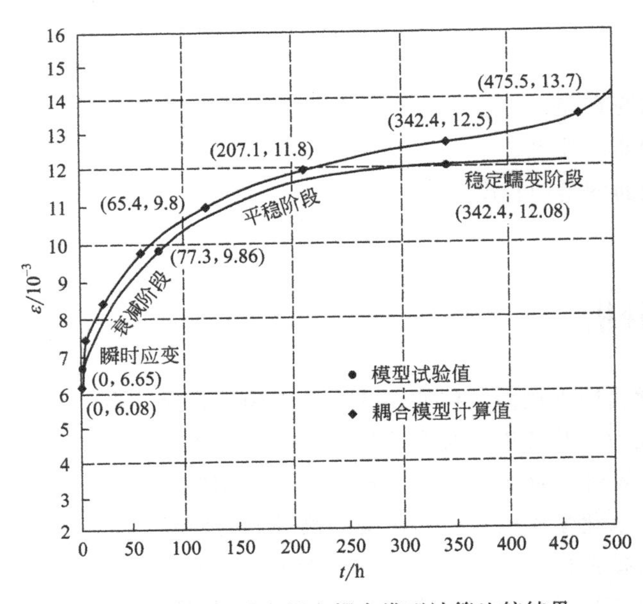

图 6-8　模型试验与蠕变耦合模型计算比较结果

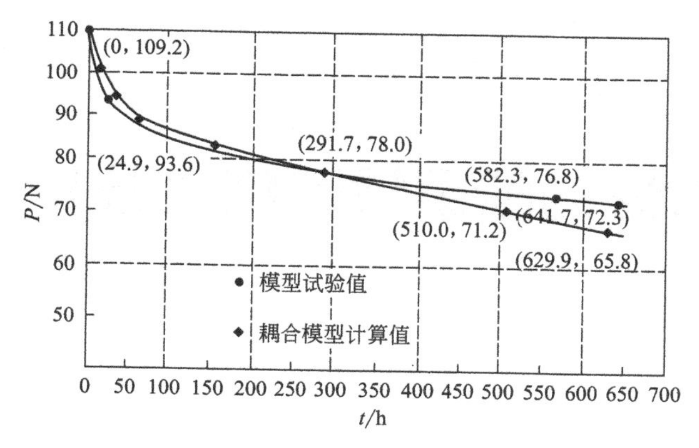

图 6-9　预应力随时间的变化过程曲线

从图 6-8 和图 6-9 可以看到，模型试验测试值与蠕变耦合模型计算值在蠕变前期比较吻合，其中瞬时应变的相对误差为 8.6%，稳定蠕变应变的相对误差也在5%以内，蠕变初期的差异值主要原因在模型计算值没有考虑锚头的影响，然而在蠕变后期由于化学腐蚀作用，破坏了锚固结构形态和应力状态，界面黏结强度降低，土体发生了塑性屈服，蠕变位移有加速变形的趋势，因此蠕变位移和锚固力的损失比模型试验测试值明显增大。

第7章 受挡岩体的断裂蠕变特性分析

岩石是自然界的产物，岩体材料分布广、强度高、价廉、施工方便等优点已在建设工程中得到广泛应用，如地下隧硐的自承围岩体、下覆基岩的建筑与库坝岩基、高陡岩质边坡工程等岩体材料的构筑物处处皆是，且工程岩体还赋存于复杂的地质、应力与工程环境之中。然而，工程岩体在成岩和施工扰动内外应力作用下已产生了大量的裂隙、裂纹、节理等细微观结构，并且该细微结构分布离散性大、充填复杂、应力集中程度高，较岩石材料强度更低，因此，岩体中的裂隙、裂纹分布和应力条件对受锚岩体稳定性有重要的影响。

7.1 受挡岩体的断裂分析

大量的工程实际也显示了岩体工程的稳定性主要受节理、裂隙、断层等软弱结构面强度的控制，而与完整岩石的强度关系不大，同时在凿岩、爆破、开挖等人工活动中，岩体的裂纹、裂隙极易引起聚核、扩展和贯通，导致岩体工程的失稳破坏，其破坏后果是灾难性的。目前岩体构筑物的设计与稳定性评价主要还是基于承载能力极限状态和正常使用极限状态，并结合安全系数定值法来进行，尤其以过应力或超载作为判别条件，物理意义直观，即当荷载达到岩体强度时，产生屈服失稳，反之，则处于稳定状态，这已成为工程界和学界不争的事实。可是，裂隙岩体中裂纹的分布星罗棋布，岩体强度与裂纹分布的差异变化又很大，并远低于完整岩石的强度，加上裂纹强度的影响因素复杂多变，计算难度大，进而要对裂隙岩体工程的强度与稳定性进行定量的安全系数评价和获得裂纹区域精确的应力分布特征是很困难的，因此该影响因素在学界和工程上往往被忽略。对裂隙岩体的应力场及构筑物的断裂稳定性判别主要是通过应力强度因子来衡量，进而进行裂纹起裂条件和扩展方向的研究。应力强度因子可表征岩体裂纹尖端区域应力奇异点的强弱程度、应力集中程度和岩体工程的稳定状态，它与荷载、裂纹及构件的几何要素、边界条件有关，同时断裂韧度评价参量也容易通过试验获取，于是应力强度因子在裂隙岩体的理论研究与工程实践中得到了普遍重视和应用。目前，关于裂纹应力强度因子的解析解主要是针对单裂纹、共线裂纹、并行排列裂纹等裂隙岩体，通过复变函数、积分变换、边界配位、数值计算等理论对裂纹进行解析，已取得了众多研究成果。如郑涛等[115]通过复应力函数方法，获得了 3 条对称的共线裂纹应力强度因子的解析解，总结了侧压力与应力强度因子呈单峰值的曲线分布；Wang 等[116]将多裂纹等效成单裂纹形式，通过边界配位法确定了应力函数中的系数，并且获得了弯曲边界两条裂纹的应力强度因子解析式；Zhao Yanlin 等[117,118]，对含水条件下，单轴压缩作用的两条裂纹进行了室内试验和数值模拟研究，获得了应力强度因子的解析式和断裂准则；Dobroskok A 等[119]，通过有限元方法获得了轴向直线裂纹大型储罐下节点区的应力分布特征及裂纹的最不利位置处的环向应力以及裂纹尖端环向应力非线性衰减的分布特征。XIE You-sheng 等[120]对不同加载方式下裂隙岩石多排翼形裂纹张拉贯通模式、起裂应力和扩展方向进行了深入研究，获得了亚临界扩展速度与应力强度因子的半对数关系，同时构建了原生裂隙影响的岩体非线性蠕变模型等有用成果。然而，对于汇交裂纹，包括中心对称裂纹、边缘对称裂纹、对角对称裂纹三种对称汇交裂纹应力强度因子解析计算、应力集中分布、裂纹几何特征对应力强度因子影响的研究文献资料尚不多见，且三种裂纹应力强度因子的差异性以及裂纹几何要素与应力强度因子的关联性又尚未得到解决，鉴于此，从汇交裂纹扩展演化过程出发，利用权函数方法，对拉伸荷载作用下两条对称汇交裂纹的应力强度因子和裂纹扩展方向进行了解析计算，并通过数值试验核验有效性，揭示汇交裂纹应力强度因子与裂纹几何尺寸的关联特征。

7.2 对称汇交裂纹岩体的断裂特性

7.2.1 裂隙岩体汇交裂纹分布与演变

（1）汇交裂纹分布

众所周知，岩体中含有大量凌乱、成组、交叉的裂隙、裂纹等细微结构，其几何尺寸、形状、强度、应力条件具有明显的随机性，且对裂纹区域应力场和裂隙岩体工程稳定性又有着重要的影响。由于地质岩体的赋存条件和人工活动的影响，势必驱动裂纹进一步扩展，于是形成大量的汇交裂纹，其主要形式有：裂纹尖端与裂纹尖端汇交、裂纹尖端与裂纹汇交和裂纹互通汇交三种形态，如图 7-1 所示。

（2）汇交裂纹演变

裂纹岩体的破坏往往是裂纹面上拉剪、压剪应力驱动，促使裂纹扩展、贯通而

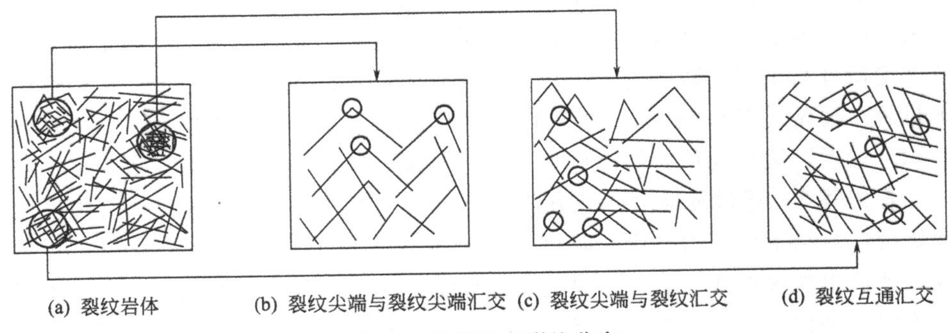

图 7-1　岩体汇交裂纹分布

使岩体发生破坏。在加载条件下，裂纹岩体产生分支裂纹，其分支裂纹体系主要为：翼型裂纹和次生裂纹。根据裂纹岩体的受力条件和裂纹分布特征，裂纹呈拉剪、压剪复合状态，研究表明，拉剪裂纹起裂扩展较压剪裂纹更有破坏性，于是以两条对称裂纹尖端与裂纹尖端汇交裂纹为研究对象，进行拉伸荷载作用下的断裂力学分析。在加载条件下，裂纹尖端分支裂纹体系如图 7-2 所示。裂纹区域的应力集中分布如图 7-3 所示。

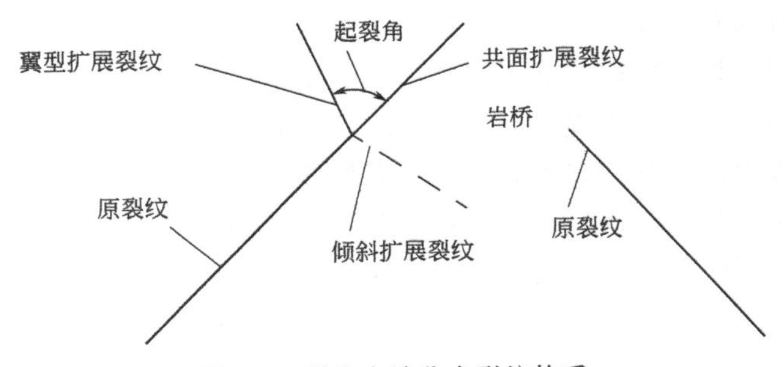

图 7-2　裂纹尖端分支裂纹体系

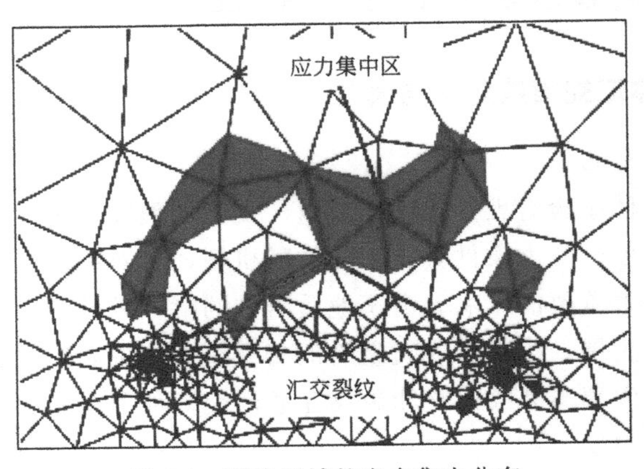

图 7-3　裂纹区域的应力集中分布

大量资料显示，裂纹岩体在复杂应力条件下，在裂纹临近区域产生应力集中，尤其在裂纹尖端应力集中程度更高，一旦裂尖岩桥破坏，形成裂纹尖端彼此汇交[25] [见图 7-1(a)]。当裂纹扩展力超过临界应力时，便形成裂纹尖端与裂纹汇交[见图 7-1(b)]，并随着塑性区范围进一步增大，能量充分释放，最终形成裂纹互通汇交导致裂隙岩体的破坏。

7.2.2 汇交裂纹的权函数解

裂纹岩体的断裂力学特性与稳定性研究主要集中在应力强度因子的解析和应力集中分布方面，由此确定裂纹的扩展条件、扩展方向和断裂准则。应力强度因子是进行裂纹岩体构筑物断裂稳定分析的前提，其计算过程是相当复杂，还很难获得精确的解析解，尤其是结构分布形态、裂纹几何参数和边界条件的改变对计算结果的影响更为复杂。对称裂纹是一种很常见的裂纹，主要形式有荷载对称和裂纹几何对称。其中，对称共线裂纹、并行排列裂纹的应力强度因子可以通过组合法和查应力强度因子手册直接得到，通常在求解过程中将荷载沿裂纹面的法向和剪切向分解后再进行应力强度因子计算[26]。然而，裂纹扩展过程中还必定形成裂纹汇交，对称汇交斜裂纹作为一种Ⅰ-Ⅱ型复合裂纹，在裂纹交点处的应力集中程度较大，奇异性更加复杂，加上复合断裂理论的应用条件受限，因此要想获得裂纹交点处的应力强度因子和裂纹扩展方向也是很困难的。目前，应力强度因子的计算方法主要有：复变函数法、积分变换法、边界配位法、权函数法、数值分析法、能量差率法、叠加法，同时还可以直接调用应力强度因子手册[26-28]。其中，权函数法是直接将荷载和裂纹几何要素做了分离，在计算过程中仅与边界条件有关，同时还将裂纹岩体荷载以无裂纹体的参考荷载形式进行了简化，且计算精度满足要求，因此权函数法在复杂裂纹应力强度因子计算中得到了普遍的使用。

裂纹岩体结构实际受力条件非常复杂，往往以Ⅰ、Ⅱ、Ⅲ型不同组合形成复合型裂纹状态。考虑到岩体拉剪荷载条件下容易产生破坏的特点，以Ⅰ-Ⅱ复合型中心裂纹、边缘裂纹、对角裂纹为研究对象来研究权函数在两条对称汇交裂纹岩体应力强度因子解析及裂纹几何特征对应力强度因子的影响，以扩展方向进行研究，这三种裂纹的分布特征、边界条件如图 7-4 所示。

根据图 7-4 的裂纹分布及拉伸边界条件，运用权函数法建立两条对称裂纹尖端汇交的裂纹岩体应力强度因子计算式：

$$K=\delta\sigma\sqrt{\pi a}\sin^2\beta \tag{7-1}$$

$$\delta=\int_0^{a\sin\beta}\frac{\sigma(x)}{\sigma\sin^2\beta}\times\frac{m(\gamma,X)}{\sqrt{\pi a\sin\beta/W}}\mathrm{d}x$$

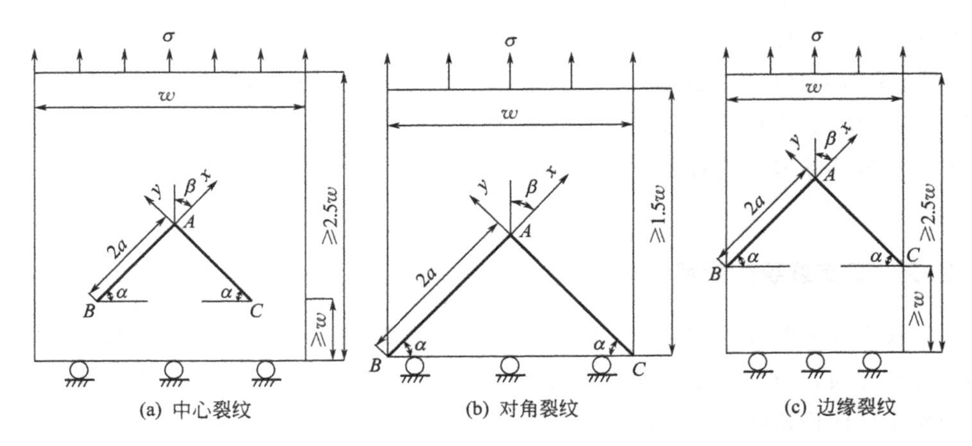

图 7-4 裂纹的分布特征与边界条件

$$\gamma=\frac{a}{W}\sin\beta$$

$$X=\frac{x}{W}$$

式中 x——沿裂纹方向的坐标；

$\sigma(x)$——无裂纹体中假想裂纹处的应力；

σ——参考荷载（只产生应力强度因子，不产生位移）；

a——裂纹的半长；

β——裂纹与外载荷的夹角；

W——裂纹体的宽度（相对于 a 不是很小）；

$m(\gamma, X)$——权函数；

γ，X——无量纲因子。

根据斜裂纹复合断裂理论，可以分别得到Ⅰ-Ⅱ型复合汇交裂纹尖端 A 点的应力强度因子[121]

$$K_{\mathrm{I}}=\delta\sigma\sqrt{\pi a}\sin^2\beta \tag{7-2}$$

$$K_{\mathrm{II}}=\delta\sigma\sqrt{\pi a}\sin\beta\cos\beta \tag{7-3}$$

结合式(7-1) 可以得到权函数 $m(\gamma, X)$ 为

$$m(\gamma,X)=\frac{4G}{(\kappa+1)\sigma\sqrt{\pi a}\sin^2\beta}\times\frac{\partial u(\gamma,x)}{\partial a} \tag{7-4}$$

$$K=\begin{cases}3-4v & （平面应变）\\ \dfrac{3-v}{1+v} & （平面应力）\end{cases}$$

式中 $u(\gamma, x)$——裂纹面张开位移；

a——裂纹半长度；

G——剪切弹性模量。

由图 7-4 荷载边界条件可以得到裂纹面的张开位移 $u(\gamma, x)$ 为

$$u(\gamma,x)=\frac{\sigma\gamma\sin^2\beta}{\sqrt{2E^*}}\left[4\delta(\gamma)+\frac{\sqrt{2}\pi\Phi(\gamma)-\frac{8}{3}\gamma\delta(\gamma)}{2/5}\right]\left(1-\frac{x}{a\sin\beta}\right)^{3/2} \tag{7-5}$$

$$\Phi(\gamma)=\frac{1}{\gamma^2}\int_0^{\gamma}\varepsilon\delta^2(\varepsilon)\mathrm{d}\varepsilon$$

$$E^*=\begin{cases}E & \text{（平面应变）}\\ E/(1-v^2) & \text{（平面应力）}\end{cases}$$

式中 ε——积分变量；

E，v——弹性常数。

最后根据式(7-5) 的位移函数，可以得到权函数 $m(\gamma, X)$，再代入式(7-1) 进而获得应力强度因子 K。很明显，在参考荷载一定的条件下，对称汇交裂纹的应力强度因子主要受裂纹与外载荷夹角 β 和裂纹体宽度 W 与裂纹半长 a 的比值影响，再结合汇交裂纹的扩展条件，得到汇交裂纹的扩展方向，于是将式(7-1)，式(7-4)和式(7-5) 进行变形得

$$\frac{\partial K}{\partial\beta}=\sigma\sqrt{\pi a}\left(\frac{\partial\delta}{\partial\beta}\sin^2\beta+\delta\sin2\beta\right) \tag{7-6}$$

$$\frac{\partial\Phi}{\partial r}=\frac{\delta^2}{r}\left(6\delta'+15\sqrt{2}\frac{\delta^2}{r}-40\delta-40r\delta'\right) \tag{7-7}$$

$$\frac{\partial u}{\partial\beta}=\frac{\partial u}{\partial r}\frac{\partial r}{\partial\beta}$$

$$=\frac{\partial\left\{\ln(\sigma\gamma\sin^2\beta)-\ln\sqrt{2E^*}+\ln\left[4\delta(\gamma)+\frac{\sqrt{2}\pi\Phi(\gamma)-\frac{8}{3}\gamma\delta(\gamma)}{2/5}\right]+\frac{3}{2}\ln\left(1-\frac{x}{a\sin\beta}\right)\right\}}{\partial r}\frac{a}{W}\cos\beta \tag{7-8}$$

$$\delta^2=\left[\int_0^{a\sin\beta}\frac{\sigma(x)}{\sigma\sin^2\beta}\times\frac{m(\gamma,X)}{\sqrt{\pi a\sin\beta/W}}\mathrm{d}x\right]^2$$

$$\delta'=\frac{\partial\delta}{\partial r}$$

结合式(7-6) ～式(7-8)，可以得到裂纹扩展方向为裂纹与外载荷夹角 β 的函数，得到

$$a\sigma(\beta)m(\gamma,X)+\sigma\delta\tan\beta\sqrt{\pi a\sin(\beta/W)}=0 \tag{7-9}$$

$$\frac{\partial\delta}{\partial\beta}\sin^2\beta+\delta\sin2\beta=0 \tag{7-10}$$

$$\sin\beta\left(\frac{\partial\delta}{\partial\beta}\sin\beta+2\delta\cos\beta\right)=0 \tag{7-11}$$

式(7-11)中，由于$\delta>0$和$\frac{\partial\delta}{\partial\beta}>0$，因此当且仅当$\sin\beta=0$，满足方程，于是当$\beta=0$，式(7-11)恒成立，即裂纹尖端与裂纹尖端汇交的裂纹沿两对称汇交裂纹的对称轴方向扩展，形成裂纹尖端与裂纹汇交和裂纹互通汇交的裂纹。

7.2.3 裂纹几何尺寸对应力强度因子的影响

权函数计算结果显示，应力强度因子与荷载、裂纹几何尺寸和边界条件等因素有关，尤其裂纹岩体的几何尺寸对应力强度因子的影响更为显著，主要原因是成岩与人工活动中，岩体裂纹呈随机分布，且变异性大，还常伴有异常地质点对裂纹尺寸及形态的影响，如软弱夹层、透镜体、空洞等对裂纹大小和方位的改变，因此要对这些影响因素进行准确的识别是非常困难的，于是在应力强度因子计算中只能基于各种理想的假定条件，建立概化模型对其解析。为便于分析汇交裂纹的应力强度因子随裂纹分布和几何尺寸的影响，以拉伸荷载作用下中心对称裂纹、边缘对称裂纹、对角对称裂纹等三种对称汇交裂纹为例，对汇交裂纹交点处的应力强度因子$K_{\mathrm{I}A}$和$K_{\mathrm{II}A}$进行研究，考虑到权函数法是将荷载与裂纹几何要素进行分离计算的优越性，以及荷载作用时应力强度因子随几何尺寸变化的共性规律，因此结合式(7-1)～式(7-3)，在计算过程中，采用无量纲应力强度因子，研究应力强度因子与裂纹倾角、裂纹几何尺寸的关系。

上述三种裂纹长度a、裂纹体宽度W、裂纹倾角α分别满足以下条件：

① 中心裂纹：$W=ia(i=4,6,8,10)$；

② 边缘裂纹：$W=ia(i=1.5,2,3,4)$；

③ 对角裂纹：$W=ia(i=4,6,8,10)$。

无量纲应力强度因子的定义为

$$K_{\mathrm{I},\mathrm{II}}=\frac{K}{\sigma\sqrt{\pi a}} \tag{7-12}$$

具体计算结果如图7-5～图7-7所示。

从图7-5～图7-7的计算结果得出以下结论。

(1) 三种裂纹的Ⅰ型分布

三种裂纹应力强度因子随裂纹倾角和几何尺寸的分布具有相似性，随裂纹夹角的增加呈衰减变化，且裂纹夹角α达到60°时（中心裂纹和对角裂纹）和裂纹夹角α达到70°时（边缘裂纹），应力强度因子趋于渐进值；当裂纹夹角较小时，中心裂

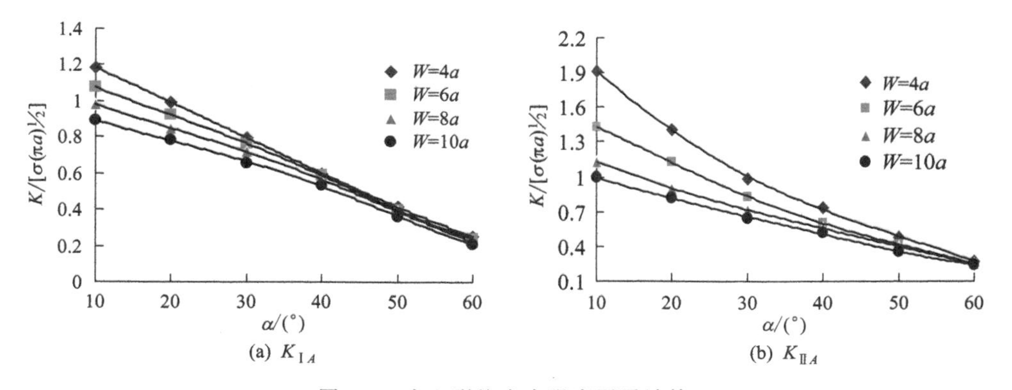

图 7-5　中心裂纹应力强度因子计算

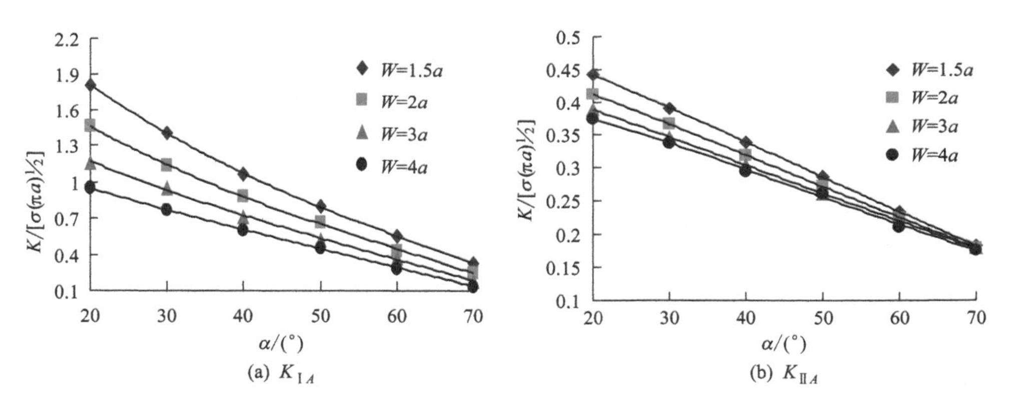

图 7-6　边缘裂纹应力强度因子计算

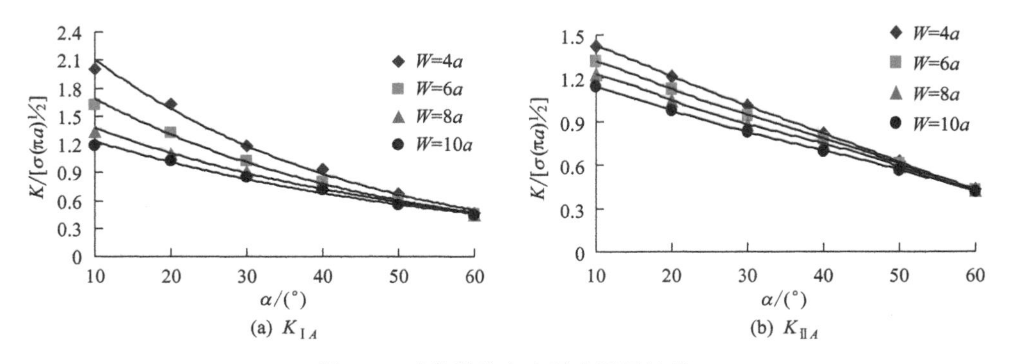

图 7-7　对角裂纹应力强度因子计算

纹的应力强度因子偏高，其次是边缘裂纹，而对角裂纹的应力强度因子最低；在倾角较小时，无量纲应力强度因子为 1.0～2.1，随裂纹体宽度 W 的增大，无量纲应力强度因子逐渐减小；在倾角较大时，无量纲应力强度因子为 0.1～0.6，且趋于一稳定值，同时对角裂纹情形，无量纲应力强度因子为最大，而边缘裂纹情形，无量纲应力强度因子为最小。

(2) 三种裂纹的Ⅱ型分布

三种裂纹无量纲应力强度因子随裂纹夹角的增加均呈衰减变化，当裂纹夹角α达到60°时（中心裂纹和对角裂纹）和裂纹夹角α达到70°时（边缘裂纹），应力强度因子趋于渐进值；当裂纹夹角较小时，对角裂纹的无量纲应力强度因子最大，为1.2～1.5，边缘裂纹的无量纲应力强度因子最小，为0.4～0.45；随着裂纹夹角的增加，无量纲应力强度因子分布较集中，且与裂隙体的几何尺寸关系不大，同时对角裂纹情形，无量纲应力强度因子为最大，而边缘裂纹情形，无量纲应力强度因子为最小。

(3) 裂纹宽度对无量纲应力强度因子的影响

三种汇交裂纹体的宽度对无量纲应力强度因子的影响具有很大的离散型。其中对于Ⅰ、Ⅱ型裂纹，在相同裂纹夹角情况下，随着裂纹宽度的增加，无量纲应力强度因子逐渐减小；在裂纹夹角较小时，无量纲应力强度因子随裂纹宽度的变化很明显，但随着裂纹夹角的增加，各裂纹宽度条件下的无量纲应力强度因子却趋于渐进值。

7.3 岩土的非线性蠕变特性

岩石是一种细观上非均质无序材料，其单元的力学特性服从韦布尔统计分布规律。岩石的蠕变力学参数也满足类似的情况，单元的黏滞系数韦布尔分布密度函数表达式为[85,122]：

$$\varphi=\frac{m}{\eta_0}\left(\frac{\eta}{\eta_0}\right)^{m-1}\exp\left[-\left(\frac{\eta}{\eta_0}\right)^m\right] \tag{7-13}$$

式中 φ——黏滞系数的密度函数值；

m——非均质系数，m越大材料越均匀，当$m=300$时，可以认为岩石材料是均质的，为便于分析，这里取$m=300$；

η_0——所有单元黏滞系数的平均值。

尺寸效应是一种与体积（长细比保持不变）有关的效应，即体积效应，本书暂不考虑。单元的蠕变模型为改进型伯格斯黏弹塑性蠕变模型（伯格斯黏弹性模型＋Mohr-coulomb塑性模型），如图7-8所示。

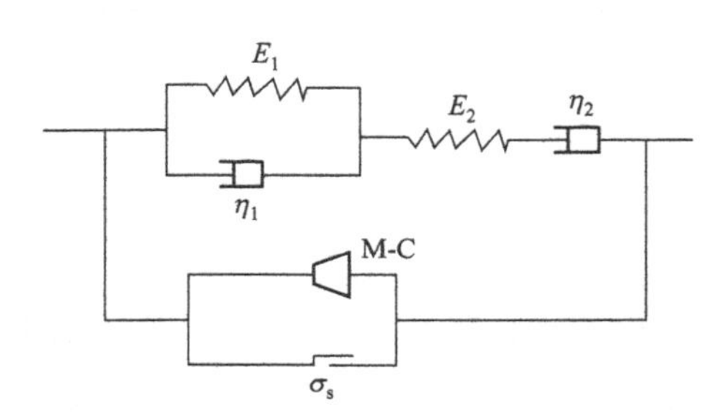

图7-8 改进型伯格斯黏弹塑性蠕变模型

总偏应变率：

$$\dot{e}_{ij}=\dot{e}_{ij}^{K}+\dot{e}_{ij}^{M}+\dot{e}_{ij}^{P} \tag{7-14}$$

开尔文体：

$$S_{ij}=2\eta_1\dot{e}_{ij}^{K}+2E_1e_{ij}^{K} \tag{7-15}$$

麦克斯韦体：

$$\dot{e}_{ij}^{M}=\frac{\dot{S}_{ij}}{2E_2}+\frac{S_{ij}}{2\eta_2} \tag{7-16}$$

M-C元件体：

$$\dot{e}_{ij}^{P}=\lambda\frac{\partial g}{\partial\sigma_{ij}}-\frac{1}{3}\dot{e}_{vol}^{P}\delta_{ij} \tag{7-17}$$

$$\dot{e}_{vol}^{P}=\lambda\left[\frac{\partial g}{\partial\sigma_{11}}+\frac{\partial g}{\partial\sigma_{22}}+\frac{\partial g}{\partial\sigma_{33}}\right] \tag{7-18}$$

体积可由下式给定

$$\dot{\sigma}_0=K(\dot{e}_{vol}-\dot{e}_{vol}^{P}) \tag{7-19}$$

式中 S_{ij}，e_{ij}——分别为应力偏量和应变偏量；

K，M——分别表示开尔文体和麦克斯韦体；

η——黏滞系数；

E——模量；

g——塑性势函数；

δ——克氏符号；

$\dot{e}_{vol}^{P}$——塑性体应变率。

Mohr-Coulomb屈服包络线包含剪切和拉伸两个准则，屈服准则是$f=0$，用主轴应力空间公式有

剪切屈服：

$$f=\sigma_3N_\varphi-\sigma_1+2c\sqrt{N_\varphi} \tag{7-20}$$

$$N_\varphi=(1+\sin\varphi)/(1-\sin\varphi)$$

拉伸屈服：

$$f=\sigma_t-\sigma_3 \tag{7-21}$$

式中 f——屈服函数；

c——黏聚力；

φ——内摩擦角；

σ_t——抗拉强度，即图中的σ_S；

σ_1，σ_3——最大和最小主应力（拉为正，压为负）。

图7-8为一种新的黏弹塑性流变模型，由开尔文体、麦克斯韦体串联和M-C体并联组合而成，模型参数包含典型伯格斯的五个模型常量和M-C体的材料黏聚力c、内摩擦角φ及抗拉强度σ_t，其中后者由材料常规试验确定。本书模拟的是单轴拉伸情况下的蠕变效应。众所周知，从黏性元件出发，黏滞系数是关于施加应力和时间的非线性函数，在低应力作用下黏滞系数η随施加应力的增加而增加，随延续时间的增加而增加；在高应力作用下黏滞系数η随施加应力的增加而减小，随延

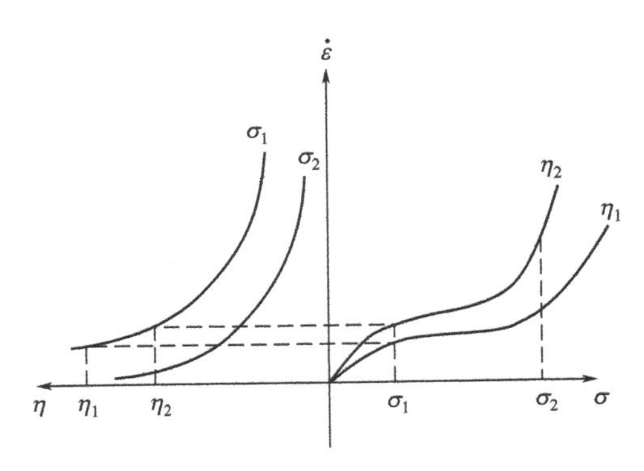

图 7-9　η、σ 和 $\dot{\varepsilon}$ 的关系示意

续时间的增加也减小；同时，从大量文献关于黏滞系数 η 与应力 σ 的关系曲线统计分析可得出：η 与 σ 满足反正切三角函数关系，$\dot{\eta}$ 与 t 满足对数函数关系。相关关系如图 7-9 所示。

综合考虑，笔者推导出黏滞系数与应力和时间的经验函数关系式为

$$\eta=At\left(\ln\frac{t_0}{t}+1\right)+B\left[\arctan\left(\ln\frac{\sigma}{\sigma_t'}\right)+\frac{\pi}{2}\right] \tag{7-22}$$

式中　σ_t'——抗拉强度，$\sigma_t'=0.8\sigma_t$；

t_0——当荷载为 σ_t 时所需要的时间，即当 $t=t_0$，$\sigma=0.8\sigma_t$；

A，B——参数。

η 和 t 的偏导数关系满足

$$\frac{\partial\eta}{\partial t}=A\ln\frac{t_0}{t}<0\quad t<t_0 \tag{7-23}$$

$$\frac{\partial\eta}{\partial t}=A\ln\frac{t_0}{t}>0\quad t\geqslant t_0 \tag{7-24}$$

η 与 σ 的偏导数关系满足

$$\frac{\partial\eta}{\partial\sigma}=\frac{B}{\sigma\left[1+\left(\frac{\ln\sigma}{\ln\sigma_t'}\right)^2\right]}<0\quad \sigma<\sigma_t' \tag{7-25}$$

$$\frac{\partial\eta}{\partial\sigma}=\frac{B}{\sigma\left[1+\left(\frac{\ln\sigma}{\ln\sigma_t'}\right)^2\right]}>0\quad \sigma\geqslant\sigma_t' \tag{7-26}$$

（1）数值试验

① 数值试验力学模型　通过力学参数包括剪切模量、体积模量、强度等参数的选取，模拟岩石蠕变变形的非线性行为。数值试验模型如图 7-10 所示，加载试样尺寸为 $a\times b\times H=5\text{cm}\times5\text{cm}\times5\text{cm}$，网格划分为 $10\times10\times10$，荷载分别采用 0.5MPa 和 1MPa 的单轴单级拉伸加载方式。单元的蠕变模型的是用本书提出的黏弹塑性蠕变模型。

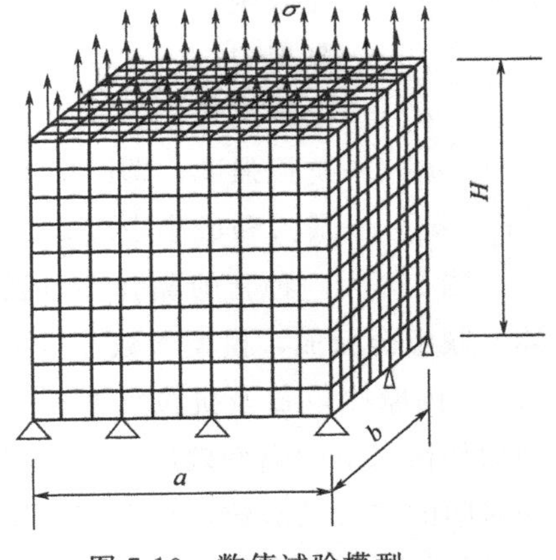

图 7-10　数值试验模型

② 数值试验方案　本书的主要研究目的是通过数值试验揭示岩石黏滞系数在蠕变过

程中与施加应力和时间的非线性函数关系。主要措施为：在试件尺寸不变的情况下，逐渐施加应力到不同的给定的值，记录应变率，时间为1年，并研究两者的相关关系。同时在某一应力下研究黏滞系数与应变率的关系曲线。

③ 数值试验步骤

a. 首先进行模型的设置，用C++语言编写网格程序，按10×10×10等网格尺寸划分网格，用三维数组存放网格的坐标，从最底层左侧往最顶层右侧逐渐编号；

b. 定义力学参数变量数组和边界条件，底部位移设为零，顶部施加拉应力σ（应力规定拉为正，压为负），分级荷载的施加采用循环语句，最终荷载分别为0.5MPa和1MPa，步长为0.1MPa；

c. 流变数值模型采用改进的M-C模型和伯格斯模型（调用的FLAC3D内嵌的C++源程序），试验时间为1年，步长为0.001年；

d. 按等效连续性假设，采用有限差分格式编写蠕变变形的计算程序，用EXCEL文件输出计算数据并保存；

e. 将保存的EXCEL数据文件加载到Origin7.5得出图7-11和图7-12的曲线图；

f. 求出η。

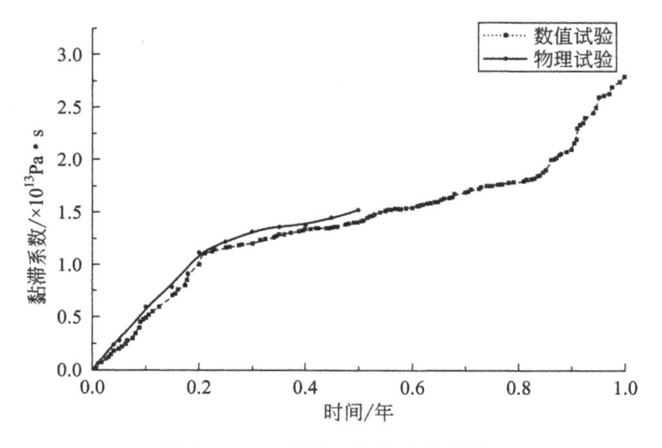

图7-11 0.5MPa拉伸应力情况

（2）数值计算流程分析

利用C++语言功能，笔者进行数值试验简易程序开发，并进行模拟计算，分析黏滞系数、应变率和应力的分布特征，可以得到蠕变变形数值计算流程。首先分析单轴单级拉伸最终荷载在0.5MPa的情况，通过上述计算，输出计算结果并通过绘图软件处理，得到黏滞系数的变化曲线，范围是$0\sim3.0\times10^{13}$Pa·s，平均值在

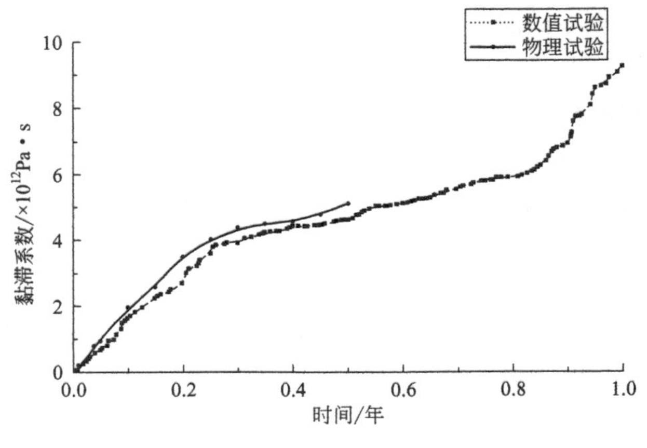

图 7-12 1MPa 拉伸应力情况

1.5×10^{13} Pa·s 左右，体现了黏滞系数的非线性行为。为验证本书所推出公式的合理性，同时，进行了为期半年的同岩石试件单轴拉伸蠕变试验，采用分级加载的方式进行，其结果与数值试验比较吻合，但数值略大于模拟试验，误差在 6%以内，未超过允许范围。主要原因表现在加载的时间、试件的端部效应和应力松弛等影响。

在单轴单级拉伸最终荷载在 1MPa 的情况，通过上述计算，同样可得到类似于图 7-11 的曲线，黏滞系数数值在 $0\sim10\times10^{12}$ Pa·s，平均值在 5×10^{12} Pa·s 左右，也呈现出黏滞系数的非线性行为。为验证所推出公式的合理性，也进行了为期半年的同岩石试件单轴拉伸蠕变试验，采用分级加载的方式进行，其结果与数值试验也比较吻合，数值略大于模拟试验，误差在 11%以内，也未超过允许范围。误差的主要原因同上述分析。

7.4 数值试验

为了核验本书中权函数解析汇交裂纹应力强度因子、应力集中和裂纹几何特征对应力强度因子影响结果的有效性，利用功能强大的有限差分软件 FLAC3D 对单轴拉伸条件下中心对称裂纹、边缘对称裂纹、对角对称裂纹三种对称汇交裂纹岩体进行数值实验。通过数值模拟可以清晰获得裂纹岩体的应力集中分布、应力强度因子和裂纹几何特征对应力强度因子影响等成果（如图 7-13 所示）。数值试验中岩体采用四面体实体单元，裂纹采用节理单元，岩体上面为拉伸加载面，下面为固定，左右面为自由面，采用 Mohr-Coulomb 屈服准则，岩石和裂纹的力学参数如表 7-1 所示。数值试验结果如图 7-13～图 7-16 所示。

表 7-1　岩石和裂纹的力学参数

介质材料	密度 /(kg/m³)	弹性模量 /GPa	泊松比	黏结力 /MPa	内摩擦角 /(°)	抗拉强度 /MPa	剪胀角 /(°)
岩石	2600	20	0.21	8	35	3	12
裂纹	2100	0.04	0.35	0.04	12	0.1	5

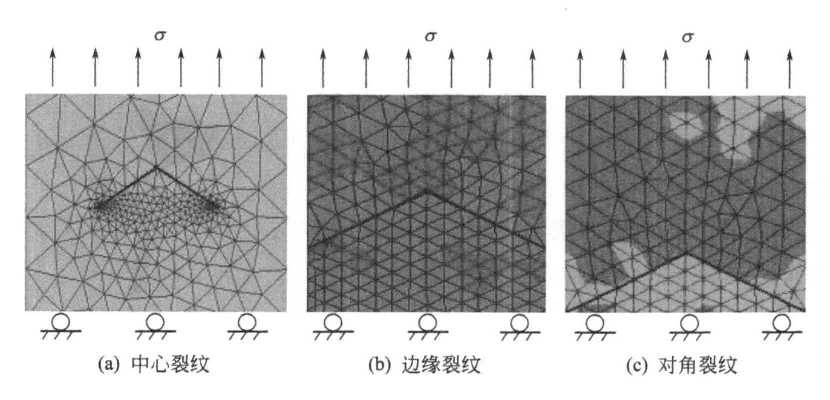

图 7-13　应力集中分布图（$W=4a$）

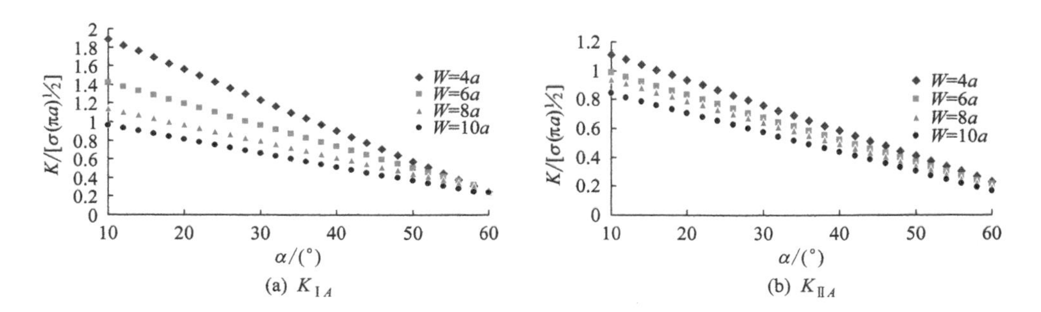

图 7-14　中心裂纹应力强度因子计算

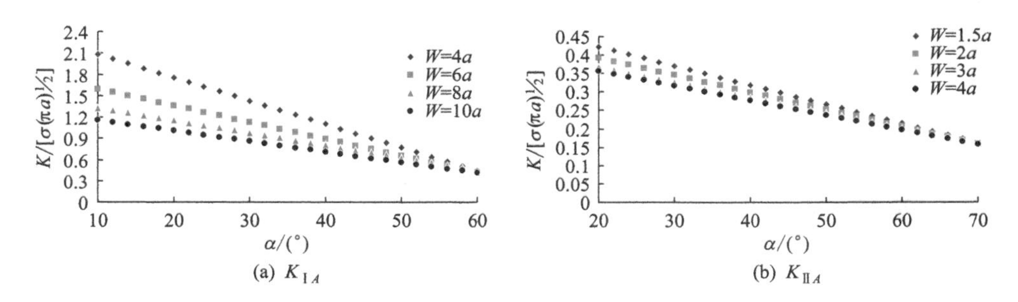

图 7-15　边缘裂纹应力强度因子计算

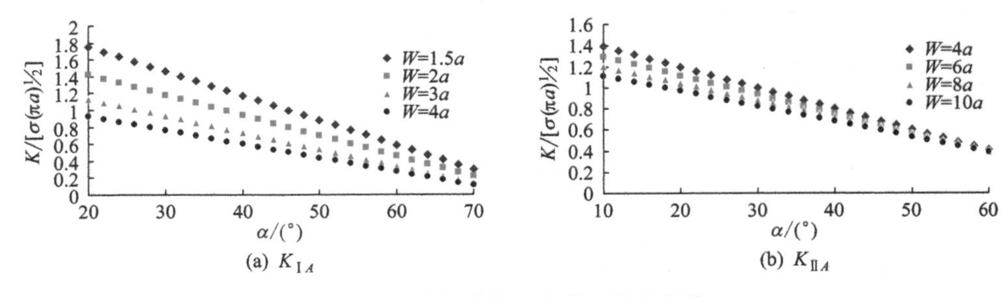

图 7-16　对角裂纹应力强度因子计算

有限差分法可以很方便对不同裂纹尖端应力场进行应力计算，进而获得应力强度因子和应力集中分布。数值计算结果显示：

① 汇交裂纹岩体的应力集中主要分布在裂纹尖端区域，且对角对称裂纹的应力集中更显著，塑性区也为最大；

② Ⅰ型裂纹中，对角裂纹的应力集中范围最大，中心裂纹和边缘裂纹的应力集中均较小；

③ Ⅱ型裂纹中，对角裂纹的应力集中范围最大，其次是中心裂纹，边缘裂纹的应力集中范围最小。

从图 7-14～图 7-16 计算结果显示，数值方法同权函数法计算结果较相似。裂纹几何特征对应力强度因子有重要的影响，随裂纹夹角的增加，裂纹体宽度 W 与裂纹半长 a 之比的增加，应力强度因子减小，且当裂纹夹角 α 达到 60°时（中心裂纹和对角裂纹）和裂纹夹角 α 达到 70°时（边缘裂纹），应力强度因子趋于渐进值，然而，应力强度因子数值试验结果较权函数法要偏小，相对误差均小于 3%，在允许误差以内，主要是权函数法中没有考虑岩体位移和应力重分布的影响，而数值试验是在有限计算范围和给定边界条件进行的，加上 FLAC3D 是一种三维显示有限差分的数值分析方法，在应力强度因子计算工程中它考虑了周围介质对裂纹扩展的约束；裂纹采用节理单元，且该单元在计算过程中还具有一定的强度，对介质裂隙的扩展也具有约束作用；有限差分法还可以进行大变形分析和远场分析，较权函数法针对的是裂纹尖端邻域范围，且应力集中显著，同时数值试验计算中考虑了裂纹岩体的能量耗散，因此计算结果较权函数法一般偏小。

7.5 本章小结

裂纹、裂隙、节理等软弱结构面对岩体工程的强度与稳定性会产生重要的影响，针对中心对称裂纹、边缘对称裂纹、对角对称裂纹三种对称汇交裂纹特点，建立了该类裂纹分布的计算简图，运用无量纲应力强度因子，基于权函数方法和有限差分数值试验获得了Ⅰ-Ⅱ型复合对称汇交裂纹的应力强度因子的解析式、裂纹扩展方向、应力集中分布等结果，并对无量纲应力强度因子随裂纹几何尺寸及倾角的衰减变化特征进行了核验，两种方法计算结果相似，得到Ⅰ型裂纹对角裂纹的应力强度因子最大，其次是中心裂纹，边缘裂纹的应力强度因子最小；Ⅱ型裂纹对角裂纹的应力强度因子最大，其次是中心裂纹，边缘裂纹的应力强度因子最小，同时对称汇交裂纹沿对称轴的方向扩展。

第8章

深梁法应用于锚索桩的内力计算

抗滑桩与岩土体的相互作用是非常复杂的，针对抗滑桩的自承载条件和强度发挥主要受到推力、岩土体抗力、锚杆（索）的拉力、桩体自重和桩体侧面及底面摩阻等荷载的影响，且上述荷载并非均匀分布在某一面上。因此，普遍应用初等梁理论进行桩体结构的内力解析是不够精确的。由于抗滑桩体梁式结构较普通梁而言，其截面积较大，加上非均匀的受荷条件，因此抗滑桩的内力计算方法更符合混凝土深梁应用条件。

8.1 抗滑深梁桩的定义

根据现行《混凝土结构设计规范（2015版）》(GB 50010—2010)[123]，深梁是指跨高比小于2的简支单跨梁或跨高比小于2.5的多跨连续梁，而对承受剪切和摩擦作用的悬臂深梁并未作出诠释。实际上，抗滑桩因推力、土体抗力、桩侧摩擦力等水平受力特征，往往承受很大的剪切和摩擦力作用，再结合抗滑桩的埋置范围、结构设计尺寸和受荷段的剪切和摩擦力学特性，同时还考虑到抗滑桩存在多面承载，因此运用初等悬臂梁计算方法所得内力的计算结果有其局限性，而应用深梁理论来进行抗滑桩的变位和内力分析，对于抗滑桩的内力计算结果更为合理，然而，该方面的研究成果还尚不多见，且深梁抗滑桩的传力模式、拉杆拱的拱曲线方程与受力特征、桩体横截面非均匀变形及内力解析计算等诸多问题仍尚未解决。尽管现有的少量研究成果考虑了桩侧摩阻力对内力的影响，却只是对初等梁进行简单的改进，如雷国平等[124]大量的室内剪切流变试验，指出了桩侧摩阻力大小与桩土界面剪切变形有关，获得了该界面的剪切变形曲线，并通过修正的 K 法获得了锚固段的挠度方程和内力计算式，揭示了临界位移和残余剪切强度对抗滑桩位移和内力的影响程度等大量可供利用的有益成果，但所得结论仍是通过初等梁计算方法获得，而未考虑桩体横截面的非均匀变形特征。因此，目前获得的众多深梁的试验结论和理论成果，大都还是基于单面受荷的建筑梁式结构，而在多面受荷的抗滑桩支挡结构中应用甚少，将深梁计算方法应用于抗滑桩结构还有许多问题亟待解决。鉴于此，从抗滑桩的几何尺寸和受荷条件出发，将受荷段的推力等效为集中荷载，考虑桩侧和受荷面的摩擦力集度及土压力等荷载效应，建立深梁计算模型来研究抗滑桩的承载特性和内力计算的解析式，结合算例进一步验证深梁计算方法与初等梁计算方法的差异性和合理性。

8.2 抗滑深梁桩的承载特性与破坏形态

8.2.1 土层抗滑桩结构和荷载条件

土体是一种具有内摩擦特性的散体材料，在边坡滑动、地基失效、洞穴坍塌等土体工程中通常以土体的剪切屈服条件为稳定性评判准则，当剪应力超过土体抗剪强度或土体抗剪强度经弱化后而引起土体过大位移，甚至突变的剪切变形导致剪切滑动破坏。

抗滑桩加固是岩土工程支挡重要措施之一，能有效阻止土体的剪切滑动。根据抗滑桩的失稳特征，将抗滑桩加固结构以土体剪切滑动面为界划分为受荷段和锚固段，由于桩体埋置条件和荷载分布差异，因此受荷段和锚固段的受力、变形和破坏形态是不同的，在不考虑桩前土体被动土压力时，受荷段可视为受推力作用的悬臂结构，而锚固段受土压力和抗力的影响，可视为两端有约束的弹性地基梁结构。目前，在抗滑桩内力计算和参数设计过程中，普遍将抗滑桩概化为初等梁式结构进行力学计算，且计算中仅考虑受荷段的水平推力和锚固段的土压力及其抗力作用对桩体内力的影响。实际上，桩土结构是一个耦合承载体系，土层条件对桩体的变形和内力有显著的影响，在推力作用下，抗滑桩会产生滑动、转动和弯曲变形，同时土压力和抗力随桩体的变形还不断调整，加上桩周土层摩擦力、桩体自重也会对桩体变形产生重要的影响，进而桩体结构的改变又会影响上述诸力的作用效果，周而复始，影响桩体结构的稳定。土层抗滑桩的构造和荷载条件如图 8-1 所示。

在图 8-1 中，F_{si}（$i=1,2,3$）为桩土界面摩擦力，可以通过摩擦力集度 q_{si} 获得。

$$F_{si}=\int_{0}^{A} q_{si}\,\mathrm{d}A \tag{8-1}$$

式中　A——桩土界面摩擦力作用面积。

8.2.2 受荷段的承载特性

（1）拉杆拱曲

桩体受荷段是承受滑体变形的重要结构，与滑体直接接触，由于滑体的强度

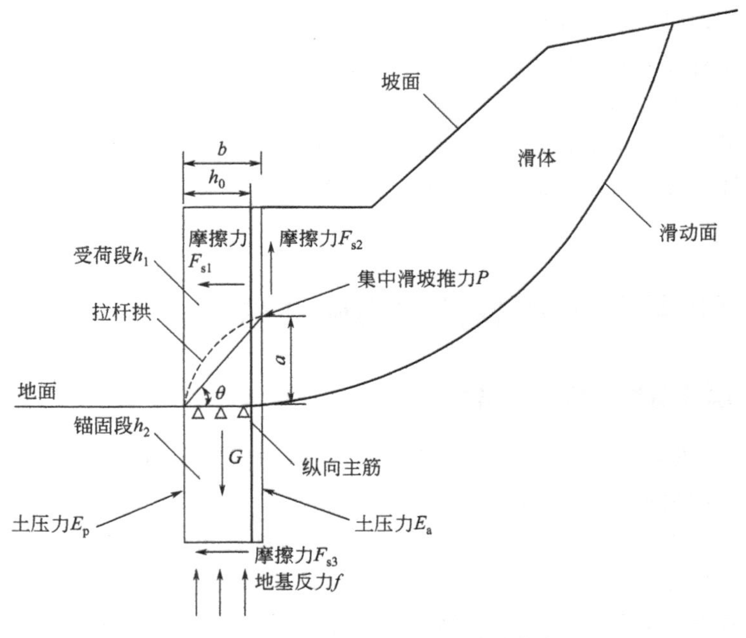

图 8-1 土层抗滑桩构造和荷载条件

低、变形大，因此在剩余推力作用下受荷段很容易发生屈服破坏。由于土体为摩擦性非均质散体材料，桩后土体对受荷段的推力分布又非常复杂，为了便于分析该推力对桩体变形和内力的影响程度，于是将滑体对受荷段的推力分布等效为集中推力荷载 P，在进行受荷段的位移和内力计算时，结合桩体的几何尺寸和荷载分布条件，依据《混凝土结构设计规范（2015 版）》（GB 50010—2010）中关于集中荷载深梁单元的剪跨比定义[125]，可以将抗滑桩简化为集中荷载作用下深梁结构模型来进行力学计算。

$$\lambda=\frac{\sum M}{Qh_0}=\frac{(Pa\cos\alpha+F_{s1}l+F_{s2}b-Pb\sin\alpha)}{(P\cos\alpha+F_{s1})h_0} \tag{8-2}$$

式中 λ——剪跨比；

Q——剪力；

P——集中荷载；

M——弯矩；

h_0——有效高度；

a——集中荷载到支座的距离；

l——摩擦力到滑动面的距离；

b——抗滑桩的宽度；

α——等效集中推力荷载与水平面的夹角。

由式(8-2) 可知，若不考虑桩侧摩擦力 F_{s1} 的影响，当等效集中推力荷载 P 为水平推力时，此时抗滑桩的剪跨比为 $\lambda=\frac{a}{h_0}$，即满足初等梁承载情况，因此式(8-2)具有梁式结构内力计算的普遍意义。

依据滑体厚度分布和抗滑桩力学监测结论，集中推力荷载 P 作用在滑动面向上沿受荷段桩长 $(1/4\sim1/3)h_1$ 处，结合桩边的最小设计宽度不宜小于 1.25m 的规定，这样抗滑桩集中荷载下剪跨比值主要分布在 1～5，于是该类浅梁结构是以剪压破坏和斜拉破坏为主要破坏形态[126]。用初等浅梁理论研究抗滑桩的破坏形态，主要破坏模式有：正截面的弯曲破坏、斜截面的斜压破坏与剪压破坏及斜拉破坏等四种基本形态，由该理论获得抗滑桩的变形和内力计算结果已取得了众多的研究成果。实际上，由于抗滑桩的结构尺寸、变形特征和受力状态又不同于普通的初等梁，而更符合深梁结构条件，加上大量实例表明，抗滑桩在破坏之前，梁内已发生了应力重分布，且截面变形不再满足平截面假定，同时还发生剪切破坏、弯剪破坏，甚至在锚固段顶部和集中滑坡推力位置发生局压破坏，因此与初等梁的破坏形态有很大的差别，为此，本章从传力模式和破坏特征出发，应用深梁理论对抗滑桩的承载特性和破坏形态进行研究。首先，根据抗滑桩的结构尺寸和受力状态，将抗滑桩的受荷段和锚固段均作为深梁来考虑，并结合建筑深梁单面受荷压剪试验结论显示：悬臂深梁剪切破坏时梁内会呈现出拉杆拱形的传力模式[127]，再结合图 8-1 中抗滑桩的荷载分布，在等效集中推力荷载 P、桩周土体的摩擦力和受荷段自重等荷载作用下，加上滑动面处的约束条件，桩体将形成以混凝土为斜压杆（拱腹），受力钢筋为拉杆的变截面拉杆拱模式，其传力模式和破坏形态如图 8-2 所示。

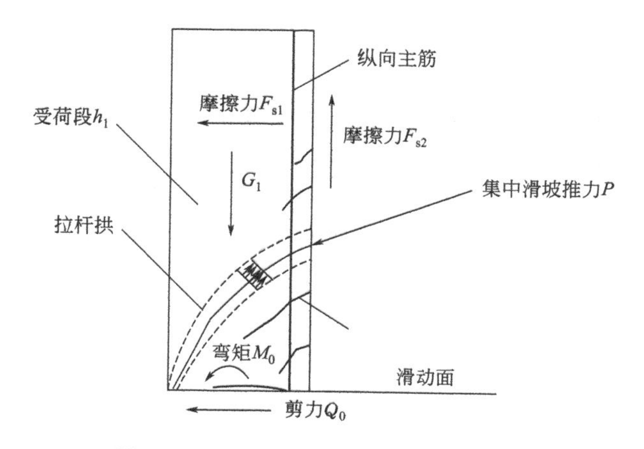

图 8-2　受荷段的传力模式和破坏形态

Q_0，M_0—滑动面位置的剪力和弯矩；F_{s1}—受荷段侧面桩土摩擦力；F_{s2}—受荷段桩后受荷面桩土摩擦力；P—等效集中推力荷载；G_1—受荷段的自重

在上述荷载作用下，当受荷段出现斜裂缝时，梁内已产生了应力重分布，于是拱腹混凝土首先发生压碎破坏，随着裂缝的进一步扩展进而与拱腹混凝土发生弯剪破坏，最终导致整个受荷段结构的破坏。因此，剪跨比对受荷段拉杆拱曲率和破坏形态有重要的影响。根据拉杆拱传力模式，结合本书参考文献［127］中悬臂深梁剪切试验结果，可以得到剪跨比与拉杆拱对角线倾角的关系曲线，如图 8-3所示。

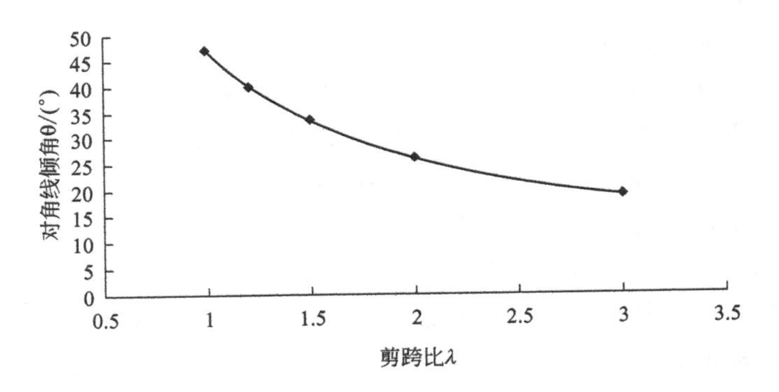

图 8-3　剪跨比与拉杆拱对角线倾角的关系曲线

根据图 8-3 的试验结果，再通过数据拟合得到：

$$\lambda = m47.017\theta^{-0.8453n} \tag{8-3}$$

式中　m，n——试验常数；

λ——剪跨比；

θ——拉杆拱对角线倾角。

λ 和 θ 可以通过最小二乘法获得。

从图 8-3 进一步可以看到，剪跨比对拉杆拱的变形有明显的影响，随着剪跨比的增加，拉杆拱对角线的倾角减小且变化速率也逐渐变小（拉杆拱倾角如图 8-1 所示），而拱曲率变化比较大，对抗剪强度的影响也越大；随着剪跨比的减小，拉杆拱对角线的倾角增加且变化速率也逐渐变大，而拱曲率变化则较小，对抗剪强度的影响也较小，与此同时在锚固段也有类似的变化特征，因此不再阐述。这与浅梁破坏形态及对桩体强度的影响有显著的区别。

（2）剩余推力

剩余推力是导致桩体弯曲变形的重要因素，是桩体受荷段变形方向上呈现不平衡力的集中体现，在初等梁理论中，剩余推力主要是通过弹性地基模型来进行求解。而在深梁理论中，由图 8-1 抗滑桩荷载条件，结合桩侧土体的剪切变形特征，大都应用剪切弹性地基 Timoshenko 深梁单元进行剩余推力计算，同时还要考虑到地基反力方向与地基变形相反[128]，因此沿桩体受荷段剩余推力为

$$P(x)=ky(x)-G_s\frac{d^2y(x)}{dx^2}+2\int_{h_2}^{h_1+h_2}F_{s1}b\,dx-2\int_0^{h_2}F_{s5}b\,dx-F_{s3} \quad (8-4)$$

式中 k——刚度；

$y(x)$——桩体的位移；

G_s——土体的剪切刚度；

F_{s5}——锚固段侧面的摩擦力；

F_{s3}——桩底端的摩擦力；

b——桩体受荷面的宽度；

h_1，h_2——自由段和锚固段的长度。

桩体受荷段的剩余推力受该段变形量的影响也是非常显著的，剩余推力随着变形量的增加而增加，在桩顶端位置剩余推力较大，沿桩长在滑动面处剩余推力却较小，同时桩侧摩擦力对剩余推力也会产生重要的影响。然而，广大科技工作人员用初等浅梁理论分析抗滑桩的剩余推力时，通常没有考虑桩周土体摩擦力的影响，因此用初等梁计算方法得到的剩余推力是偏于保守的。

8.2.3 锚固段的承载特性

为了保证抗滑桩支挡结构的稳定和阻止滑体的变形，通常将桩体的一部分置于稳定的岩土层中，即锚固段结构。设计锚固深度是随着周围岩土层的性质而变化。在土层或软质岩层中锚固深度为（1/3～1/2）桩长，在坚硬的岩层中锚固深度为 1/4 桩长，并通过岩土层的抗力和桩体自身强度来抵抗锚固段的土压力和受荷段传来的荷载[129]。其中，锚固段主要承受滑动面处的剪力和弯矩、桩前土体的被动土压力、桩后土体的主动土压力、桩侧与桩底的摩擦力、基底反力和自重等荷载作用。本书中是针对土层抗滑桩的计算方法，因此将桩底端视为自由支撑，再结合滑体以下锚固段的几何特征和受力条件，也将桩体锚固段作为混凝土深梁单元来进行研究，其荷载条件如图 8-1 所示，传力模式和破坏形态如图 8-4 所示。

在桩前被动土压力 E_p、锚固段受压面摩擦力 F_{s4}、基底反力 f 和自重 G_2 等作用下，锚固段处于多向受压状态，一旦发生裂缝开裂、贯通，便促使混凝土的压缩破坏，因此在被动土压力作用点位置会出现混凝土的局压破坏，这与初等浅梁的破坏模式是有区别的。同时在滑动面处弯矩和剪力作用下，因应力和变形梯度较大，加上该位置还会产生应力集中，进而出现大量的拉剪裂缝，引起混凝土的屈服破坏，并随着裂缝的进一步扩展与拱腹混凝土还会发生同时破坏，即弯剪破坏。由于该范围还会受到滑动面的约束，在滑动面位置和由主动与被动土压力作用诱发贯通裂缝的区域将形成以混凝土为斜压杆（拱腹），受力钢筋为拉杆的拉杆拱模式，其破坏形态如图 8-4 所示，该拱曲形态与剪跨比的关系与受荷段相似。

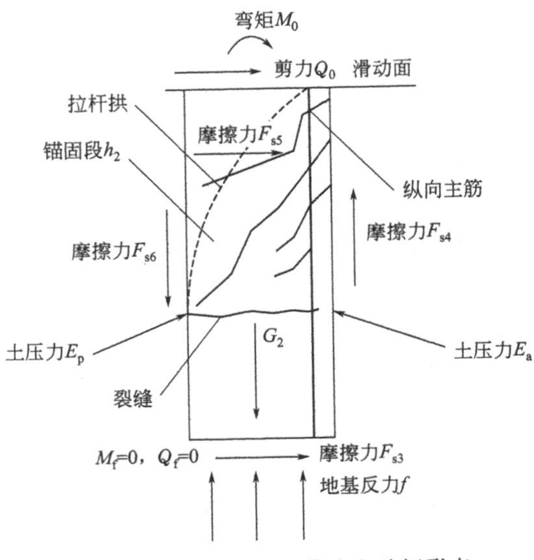

图 8-4　锚固段的传力模式和破坏形态

8.3　抗滑深梁桩的计算模型与控制方程

8.3.1　计算模型

目前，受荷段和锚固段的内力计算与参数设计主要是通过初等悬臂梁理论和弹性地基梁模型进行求解，计算过程中，首先根据梁的几何结构和材料的物理力学参数及荷载条件，对受荷段进行力学平衡分析，获得梁的位移和内力变量，再进一步得到滑动面处的剪力和弯矩，接着将其作为锚固段的荷载边界，结合桩底端土层条件和地基系数的不同取值方法，再获得锚固段的转动中心，进而得到锚固段的剪力和弯矩内力变量，这已积累了丰富的研究经验。然而，通过桩体的监测检测和试验结果表明，桩体的变形和内力分布在横截面上呈不均匀性，特别是剪力和桩体轴线的形态是极不均匀的，还有抗滑桩的位移在桩顶端较大，沿桩身至桩底端位移逐渐减小，同时桩轴线和桩周边界均为非均匀的曲线状态，因此抗滑桩结构更符合剪切作用下深梁变形特征，其深梁计算模型和变形状态如图 8-5 所示。

在滑体推力作用下，桩体的变形主要为滑体方向的位移，由于拉杆拱的约束，受荷段内拉杆拱上部混凝土的变形较下部变形大，同时锚固段内拉杆拱混凝土的位移与受荷段呈相似分布。由于深梁不符合平截面假定，在抗滑桩变形计算中对梁结构采用了垂直条分法，并以拱曲线为界，沿桩身宽度进行等宽度垂直条分，再通过单元位移的叠加获得最终变形量，其计算模型如图 8-5 所示。

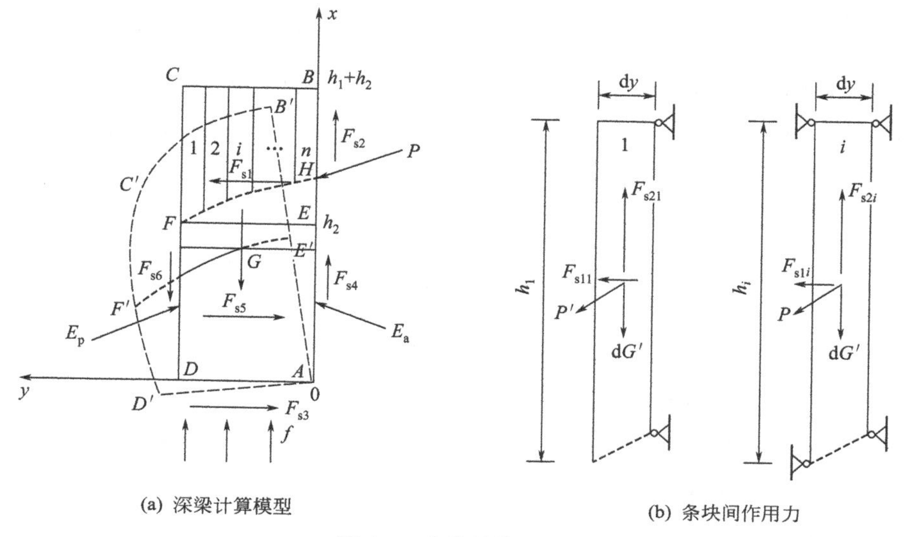

(a) 深梁计算模型

(b) 条块间作用力

图 8-5 力学计算模型

8.3.2 拉杆拱曲线方程

在受荷段滑体的等效集中推力、桩周土压力和桩侧摩擦力作用下，受荷段和锚固段均会形成以混凝土为斜压杆（拱腹），受力钢筋为拉杆的曲线拱，其拱曲模型如图 8-6 所示。因受荷段拱曲变形较锚固段大，因此本书中只考虑受荷段的拱曲特

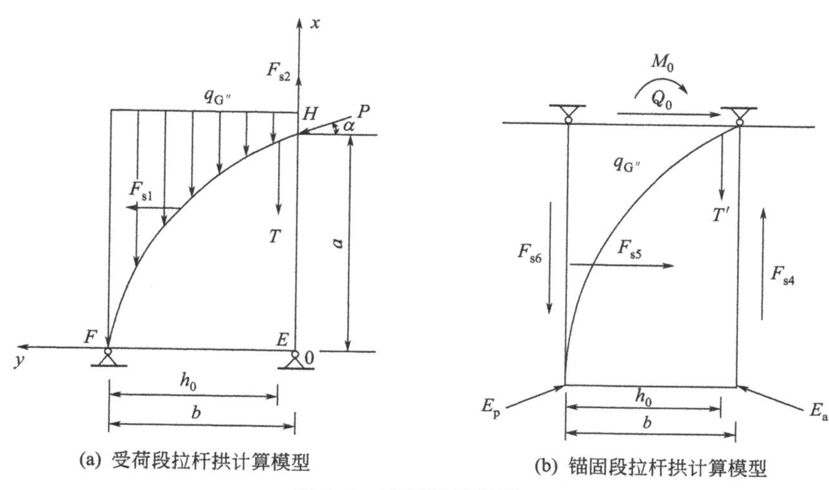

(a) 受荷段拉杆拱计算模型

(b) 锚固段拉杆拱计算模型

图 8-6 拉杆拱计算模型

T—受力钢筋的拉力；h_0—有效高度；q_G—重力集度；

F_{s1}—受荷段侧面的摩擦力；F_{s2}—桩后受荷面的摩擦力

征，而锚固段的拱曲形态将另行研究。

从图 8-6(a) 可以看出，拉杆拱的荷载主要有拱曲线 FH 以上桩体的重量集度 q_G、推力作用面的摩阻力 F_{s2}、桩侧面摩阻力 F_{s1}、主筋拉力 T，并拟定滑动面处为铰连接。根据力学平衡条件，抗滑桩的摩擦力 F_{s1} 和 F_{s2} 可以通过混凝土桩侧摩阻力的理论解析得到［见式(8-1)］，于是桩体受荷段在水平和垂直方向的荷载分别为

$$F_x=\int_0^b q_{s2}(h_1-x)\mathrm{d}y-\int_0^b \gamma_s \mathrm{d}y-T-P\sin\alpha \tag{8-5}$$

$$F_y=\int_0^a q_{s1}(b-y)\mathrm{d}x+P\cos\alpha \tag{8-6}$$

式中 γ_s——土体的容重；

q_{s1}，q_{s2}——受荷段侧面的摩擦力的集度和桩后受荷面摩擦力的集度；

P——等效集中推力。

对受荷段滑动面 EF 中心位置取弯矩为

$$M(y)=\begin{cases}\left[\int_y^b \gamma_s(a-x)\mathrm{d}y\right]\left(\dfrac{b-y}{2}\right) & \dfrac{1}{2}b<y\leqslant b\\ \left[\int_0^y \gamma_s(a-x)\mathrm{d}y\right]\times\dfrac{1}{2}y+T(b-h_0)-\int_0^{\frac{1}{2}y}[q_{s1}(a-x)\mathrm{d}y]\times\dfrac{1}{2}y & 0<y\leqslant\dfrac{1}{2}b\end{cases} \tag{8-7}$$

根据该滑动面位置位移和弯矩连续分布特征，在滑动面中心（受荷段轴线）$y=\dfrac{1}{2}b$ 处，由弯矩连续相等条件得到：

$$M(y)_{-\frac{1}{2}b}=M(y)_{\frac{1}{2}b} \tag{8-8}$$

结合式(8-5)～式(8-8)得到主筋拉力 T：

$$T=\frac{b^2 q_{s1}}{16(b-h_0)} \tag{8-9}$$

由图 8-5 中荷载条件，依据深梁破坏理论，当拱曲截面弯矩达到极值时，拉杆拱曲呈现破坏。依据弯矩极值条件：$M'(y)=0$，对式(8-7)求导可以得到弯矩极值

$$M'(y)=\begin{cases}\dfrac{1}{2}\gamma_s(a-x)(b-y) & \dfrac{1}{2}b<y\leqslant b\\ (\gamma_s-\dfrac{1}{2}q_{s1})(a-x)\times\dfrac{1}{2}y & 0<y\leqslant\dfrac{1}{2}b\end{cases} \tag{8-10}$$

进一步得到弯矩极值点 A 和 B：

$$A(x_a=a,y_a=0)$$
$$B(x_b=0,y_b=b) \tag{8-11}$$

将式(8-11) 代入式(8-7) 得到弯矩的极值

$$M_{\min}=T(b-h_0) \tag{8-12}$$

$$M_{\max}=ab\gamma_s+T(b-h_0)-\frac{1}{4}b^2aq_{s1} \tag{8-13}$$

再以拉杆拱曲发生最大弯矩为破坏条件，将式(8-13) 代入式(8-7) 又可以得到拱曲方程

$$y(x)=b-\sqrt{\frac{2\left[ab\lambda_s+T(b-h_0)-\frac{1}{4}b^2aq_{s1}\right]}{\gamma_s(a-x)}} \tag{8-14}$$

再将式(8-9) 的主筋拉力 $T=\dfrac{b^2q_{s1}}{16\ (b-h_0)}$代入式(8-14)，进一步得到拱曲线方程

$$y(x)=b-\sqrt{\frac{abh_0\gamma_s+(q_{s1}-bh_0\gamma_s)x}{h_0\gamma_sb(a-x)+q_{s1}x}-1}\quad (0\leqslant x\leqslant a, 0\leqslant y\leqslant b) \tag{8-15}$$

从拱曲线方程(8-15) 可知，这是一个非常复杂的幂函数拱曲线形式，其中拉杆拱曲与抗滑桩的几何尺寸、桩身自重、桩侧摩擦力和剪跨比有关，尤其剪跨比对拱曲率的影响较大，且随着剪跨比的增加，拱曲率增大，而拉杆拱对角线倾角减小较快；另外，随着剪跨比的减小，拱曲率减小，而拉杆拱对角线倾角则增加较快，该理论解析与深梁试验结果较吻合[127]。

8.3.3 变形计算

(1) 受荷段变形量的计算

抗滑桩赋存于一定的地质环境中，在推力、土压力和摩擦力作用下，抗滑桩会扰动周围土体便产生显著的水平位移和转角，因受荷段属悬臂结构，所以其变形量较锚固段更为凸显。根据大量监测结果表明，桩体位移在横截面上的分布是极不均匀的，因此，对抗滑桩的内力计算采用平截面假定通过初等梁计算方法获得的计算结果与实际是不吻合的，而抗滑桩变形计算更符合深梁变形结果[130]。为了获得桩体受荷段的位移，将桩体受荷段视为混凝土深梁结构，采用垂直条分法对其进行位移解析，再结合深梁单元变形的几何特征，以水平位移和转角来表征受荷段的位移，并进行解析计算，具体计算模型如图 8-5 所示。

根据受荷段的荷载分布条件（其主要承受集中推力 P、桩侧面摩擦力 F_{s1}、F_{s2}和自重 G_1)，考虑受拉杆拱曲的影响，为得到受荷段的变形，将其进行垂直条分，再应用深梁理论进行位移计算。在条分解析过程中，将上述载荷等效为条块节点力，依据材料力学知识来计算分条块梁单元的水平位移，再通过叠加得到该条块内任一点的变形。条块等效节点力的分布如图 8-7 所示。

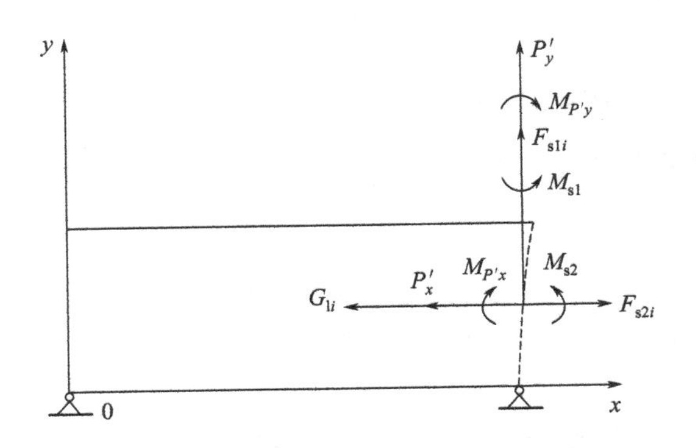

图 8-7 条块等效节点力的分布

P'_x，P'_y—等效集中推力的分量；M'_{Px}，M'_{Py}—等效集中推力分量所产生的弯矩；M_{s1}，M_{s2}—摩擦力 F_{s1i}、F_{s2i} 所产生的弯矩

根据多荷载作用，梁单元水平位移的叠加原理，可以得到受荷段内任一点的水平位移为

$$w(x)=\sum w_i(x)=w_{Py}(x)+w_{Fs1}(x)+w_{M_{Py}}(x)+w_{Px}(x)-w_{Ms1}(x)-w_{Ms2}(x)$$

$$\frac{P\sin\alpha}{6EI}x^2(3h_1-x)+\frac{\left(1-\frac{1}{b}y\right)q_{s1}}{6EI}x^2(3h_1-x)+\frac{P\sin\alpha}{2EI}(h_1-a)x^2$$

$$+\frac{P\sin\alpha}{6EI}x^2(3h_1-x)-\frac{\left(1-\frac{1}{b}y\right)q_{s1}}{4EI}h_1x^2-\frac{q_{s2}b^2}{4EI}h_1x^2 \tag{8-16}$$

$$=\frac{2P\sin\alpha+\left(1-\frac{1}{b}y\right)q_{s1}}{6EI}x^2(3h_1-x)+\frac{P\sin\alpha}{2EI}(h_1-a)x^2-\frac{\left(1-\frac{1}{b}y\right)q_{s1}q_{s2}b^2}{4EI}h_1x^2$$

进一步得到转角[131]

$$\theta=\frac{\mathrm{d}w}{\mathrm{d}x} \tag{8-17}$$

结合式(8-16)，可得到式(8-17) 受荷段内任一点的转角

$$\theta(x)=-\frac{2P\sin\alpha+(1-\frac{1}{b}y)q_{s1}}{2EI}x^2 \tag{8-18}$$

$$+2\left[\frac{P\sin\alpha}{2EI}(h_1-a)+\frac{(1-\frac{1}{b}y)q_{s1}q_{s2}b^2h_1^2}{4EI}+\frac{2P\sin\alpha+(1-\frac{1}{b}y)q_{s1}}{2EI}h_1\right]x$$

式中 EI——桩体的抗弯刚度；

q_{s1}、q_{s2}——摩擦力集度；

α——等效集中推力与水平面的夹角；

θ——转角。

因此，桩体受荷段的变形受等效集中推力、桩侧面摩擦力、桩体的抗弯刚度、桩体的宽度和受荷段长度的影响，尤其桩体材料的抗弯刚度、等效集中推力和桩侧摩擦力的影响最大。由式(8-15) 拱曲方程还可以看到：在桩体最外侧，变形量最大，在桩体内侧变形量则较小，同时变形量还随等效集中推力的增加而增加，随桩侧面摩擦力的增加却减小，并且桩体的重量对变形影响最小，因此桩体的重量在受荷段变形解析中可以忽略不计。

(2) 锚固段变形量的计算

根据锚固段的受荷条件，可以得到锚固段的变形量主要受滑动面处弯矩与剪力、桩侧摩擦力、桩体前后两侧的土压力影响，在周围土体未发生屈服破坏时与桩体满足位移协调，这符合 Winkler 地基变形理论，再结合锚固段的几何特征和荷载条件，将锚固段视为深梁模型来进行内力计算，通过本书参考文献［132］Winkler 地基上 Timoshenko 深梁单元模型可得到锚固段的变形微分方程为

$$\begin{cases}\dfrac{d}{dx}\left[C\left(\dfrac{dw}{dx}-\theta\right)\right]-Kw=0\\ \dfrac{d}{dx}\left(D\,\dfrac{d\theta}{dx}\right)+C\left(\dfrac{dw}{dx}-\theta\right)=0\end{cases} \tag{8-19}$$

$$C=\frac{EA}{2\mu(1+\upsilon)}$$

式中 K——基床系数；

D——抗弯刚度；

w——水平位移；

θ——转角；

E——桩体的弹性模量；

υ——桩体的泊松比；

μ——剪切修正系数。

求解方程(8-19) 可以得到桩体锚固段的水平位移：

$$w(x)=e^{\beta\lambda x}\sin(\zeta\lambda x) \tag{8-20}$$

$$\lambda=\sqrt[4]{\frac{2\rho bE_{S}A(1+\upsilon_{p})}{4EI\left[E_{S}A(1+\upsilon_{p})+\mu El(1+\upsilon_{s})\right]}}$$

$$\mu = \frac{A}{I^2}\int_A \frac{S^2}{b^2}\mathrm{d}A$$

$$A = bl$$

$$\zeta = \sqrt{1 - E\lambda^2\left[\frac{\mu I(1+\upsilon_s)}{E_s A} + \frac{1}{2\rho(1+\upsilon_P)}\right]}$$

$$\beta = \sqrt{1 + E\lambda^2\left[\frac{2\mu I(1+\upsilon_s)}{E_s A} + \frac{1}{2\rho(1+\upsilon_p)}\right]}$$

$$\rho = \frac{\mathrm{d}\theta'}{\mathrm{d}x}$$

式中 μ——剪切修正系数；

λ——剪跨比；

S——桩体内计算位置对截面中性轴的静矩；

υ_s——土体的泊松比；

A——桩体的截面积；

ρ——截面曲率。

根据材料力学知识，还可以得到抗滑桩锚固段内任意点的转角和截面曲率为

$$\begin{aligned}\theta' &= \frac{\mathrm{d}w}{\mathrm{d}x} \\ &= \lambda e^{\beta\lambda x}[\zeta\cos(\zeta\lambda x) + \beta\sin(\zeta\lambda x)]\end{aligned} \tag{8-21}$$

进一步得到梁轴线截面曲率为

$$\begin{aligned}\rho &= \frac{\mathrm{d}\theta'}{\mathrm{d}x} \\ &= \lambda^2 \mathrm{e}^{\beta\lambda x}[2\beta\zeta\cos(\zeta\lambda x) - (\zeta^2 - \beta^2)\sin(\zeta\lambda x)]\end{aligned} \tag{8-22}$$

因此，锚固段的变形量受桩体的抗弯刚度、轴线的曲率、剪切模量、截面几何尺寸、桩体材料的弹性参数和土性条件等因素影响，特别是桩体材料的抗弯刚度、土体的弹性参数和截面几何尺寸对变形量影响很大。同时在锚固段底端水平位移和转角均较小，而在滑动面处水平位移和转角则较大，且截面曲率在滑动面处也较大。与受荷段变形计算一样，锚固段的自重对变形量的影响也可忽略不计。

8.4 内力计算

8.4.1 受荷段剪力和弯矩

剪力和弯矩计算是抗滑桩内力分析的重要力学参数，目前抗滑桩内力计算大都

是通过初等梁模型，根据力学平衡条件获得，其中在桩体受荷段，剪力和弯矩是由水平推力和桩前土体抗力得到，而在计算过程中未存考虑桩侧面摩擦力的影响。实际上，土体是一种摩擦性的颗粒材料，当桩土产生相对位移趋势时，势必在其界面引起摩擦力效应，且该摩擦力还呈非均匀分布，因此不能忽略桩侧摩擦力的影响。运用悬臂深梁计算方法，考虑桩侧摩擦力和等效集中推力得到受荷段剪力分布。

$$Q(x)=\begin{cases}\left(1-\frac{1}{b}y\right)q_{s1}b(h_1-x) & 0\leqslant y\leqslant b, a<x\leqslant h_1\\ \left(1-\frac{1}{b}y\right)q_{s1}b(h_1-x)+P\cos\alpha & 0\leqslant y\leqslant b, 0\leqslant x\leqslant a\end{cases} \tag{8-23}$$

根据材料力学关于弯矩与剪力的导数关系，对公式(8-23) 积分得到

$$M(x)=\left(1-\frac{1}{b}y\right)q_{s1}bh_1^2-\frac{1}{2}\left(1-\frac{1}{b}y\right)q_{s1}h_1^2+Ph_1\cos\alpha+S \quad 0\leqslant y\leqslant b,\quad 0\leqslant x\leqslant h_1-a \tag{8-24}$$

由 $y=0$ 时，弯矩为

$$M(x)=q_{s1}b\left(1-\frac{1}{b}y\right)(h_1-x)+\frac{1}{2}b^2\gamma_s(h_1-x) \quad 0\leqslant y\leqslant b, 0\leqslant x\leqslant a \tag{8-25}$$

结合式(8-24) ～式(8-26)，当 $x=0$，$y=0$ 时，可以得到式(8-20) 中的静矩

$$S=\frac{1}{2}\gamma_s h_1 b^2+q_{s1}h_1 b \tag{8-26}$$

再代入式(8-24)，得到受荷段的弯矩

$$M(x)=\left(1-\frac{1}{b}y\right)q_{s1}bh_1^2-\frac{1}{2}\left(1-\frac{1}{b}y\right)q_{s1}h_1^2+Ph_1\cos\alpha+\frac{1}{2}\gamma_s h_1 b^2+q_{s1}h_1 b \quad 0\leqslant y\leqslant b,\quad 0\leqslant x\leqslant h_1-a \tag{8-27}$$

再结合定解条件 $[x=h_1, M(x)=0]$，进一步得到桩体受荷段的弯矩为

$$M(x)=q_{s1}b\left(1-\frac{1}{b}y\right)\left(h_1x-\frac{1}{2}x^2-\frac{1}{2}h_1^2\right) \quad 0\leqslant y\leqslant b,\quad h_1-a<x\leqslant h_1 \tag{8-28}$$

由式(8-23) 和式(8-27) 可以看出，受荷段内剪力和弯矩沿桩深呈非线性分布，其中剪力为单驼峰分布，在受荷段中下部位置剪力较大，再分别沿桩长向桩顶和滑动面方向剪力逐渐减小；弯矩主要为单向的正弯矩，随桩深依次增大，在滑动面位置弯矩较大，桩顶处弯矩最小。

8.4.2 锚固段剪力和弯矩

在初等梁理论中，将锚固段视为弹性地基梁单元，根据土体基床系数的取值

方法（K法、m法、C法），结合滑动面位置的剪力、弯矩和锚固段桩前桩后土压力等荷载条件，来获得桩体转点的位置，进而得到锚固段的剪力和弯矩分布。采用m法弹性地基深梁理论，结合土层抗滑桩的受荷和土性条件，将桩底端视为自由端，然后进行锚固段的剪力和弯矩计算，其锚固段的受荷条件及内力计算模型如图8-8所示。

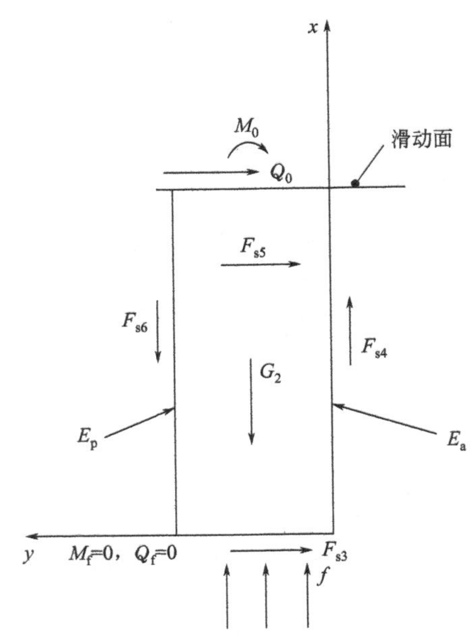

图8-8 锚固段的受荷条件及内力计算模型

E_a—主动土压力；E_p—被动土压力；G_2—锚固段的自重；

F_{s4}—锚固段桩后受荷面的摩擦力；F_{s6}—锚固段桩前受荷面的摩擦力

在锚固段范围内，桩体主要荷载有桩前桩后土压力E_p、E_a，桩侧面的摩擦力F_{s4}、F_{s6}，自重G_2，滑动面的剪力Q_0，弯矩M_0和基底反力f及摩擦力F_{s3}。可以得到桩体锚固段的剪力和弯矩为

$$Q(x)=\left(\frac{mb_p}{EI}\right)^{\frac{3}{5}}EI\left[x_0A_4+\frac{\theta_0}{\left(\frac{mb_p}{EI}\right)^{\frac{1}{5}}}B_4+\frac{M_0}{\left(\frac{mb_p}{EI}\right)^{\frac{2}{5}}EI}C_4+\frac{Q_0}{\left(\frac{mb_p}{EI}\right)^{\frac{3}{5}}EI}D_4\right] \tag{8-29}$$

$$M(x)=\left(\frac{mb_p}{EI}\right)^{\frac{2}{5}}EI\left[x_0A_3+\frac{\theta_0}{\left(\frac{mb_p}{EI}\right)^{\frac{1}{5}}}B_3+\frac{M_0}{\left(\frac{mb_p}{EI}\right)^{\frac{2}{5}}EI}C_3+\frac{Q_0}{\left(\frac{mb_p}{EI}\right)^{\frac{3}{5}}EI}D_3\right] \tag{8-30}$$

式中　x_0，θ_0，Q_0，M_0——分别为滑动面处的位移、转角、剪力和弯矩，可由式(8-16)、式(8-18)、式(8-23)、式(8-27)、式(8-28)得到；

A_i，B_i，C_i，D_i——影响函数值，可以通过$\left(\frac{mb_p}{EI}\right)^{\frac{1}{5}}h$查表获得。

由式(8-29) 和式(8-30) 可以看出，剪力和弯矩沿桩长均呈非线性单驼峰分布，其中在锚固段下部剪力和弯矩出现最大值，而剪力在锚固段顶端和底端出现最小值，同时剪力的变化较受荷段要大；弯矩主要为单向的正弯矩，在桩体的顶端和底端均较小。

8.5 算例分析

8.5.1 计算模型与材料的物理力学参数

为了验证深梁计算方法在抗滑桩内力计算的合理性以及与初等梁计算方法计算结果的差异性，以土层抗滑桩加固结构为算例来说明，抗滑桩的埋置条件如图 8-1 所示，地层为均质黏土层，$\gamma_s=18$kN，黏结力 $c_s=16$kPa，内摩擦角 $\varphi_s=10°$，滑动面处土体的地基系数 $k=4\times10^4$kN/m^3，地基系数的比例系数 $m=6\times10^3$kN/m^4，环境类别为I类，无地下水出露。采用桩身截面尺寸为 $b\times l=3$m$\times2.5$m 的矩形抗滑桩，桩设计长度 $H=15$m，受荷段 $h_1=9$m，锚固段 $h_2=6$m，桩身混凝土的强度等级为 C30，$f_c=14.3$MPa，$f_t=1.43$MPa，主筋采用 HRB400 钢筋，直径为 18mm，净距为 140mm，屈服极限 $f_y=360$MPa，混凝土保护层的厚度为 70mm，抗滑桩的两侧和受压边均设置了纵向构造钢筋，为了增强混凝土的抗剪强度，构造钢筋的间距取 300mm，桩体内没有设置斜筋。在数值计算中，左右边界和底边界施加位移约束，其他面为自由面，采用四面体单元。其中桩土材料的物理力学参数如表 8-1所示，计算范围和网格划分如图 8-9 所示，初等梁与深梁两种计算方法获得的计算结果如图 8-10 所示。

表 8-1　桩土材料的物理力学参数

土体	容重 γ_s /(kN/m^3)	弹性模量 E_s/MPa	泊松比 υ_s	滑动面摩擦 1 q_{s1}/kPa	滑动面摩擦 2 q_{s2}/kPa	抗滑桩	容重 γ_s /(kN/m^3)	弹性模量 E /GPa	泊松比 υ
	18	11	0.37	3	38		26	22	0.25

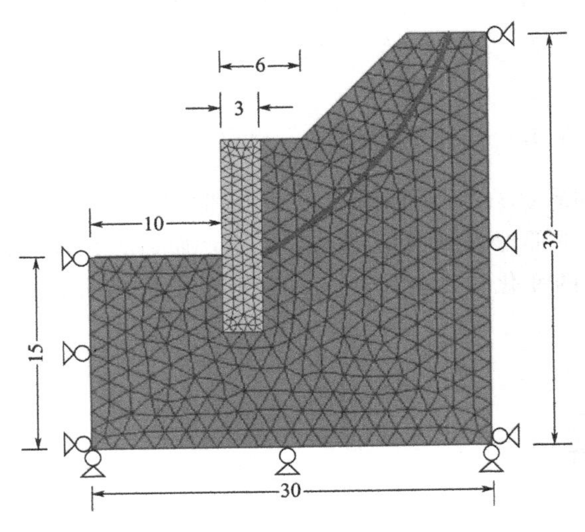

图 8-9 计算范围与网格划分（单位：m）

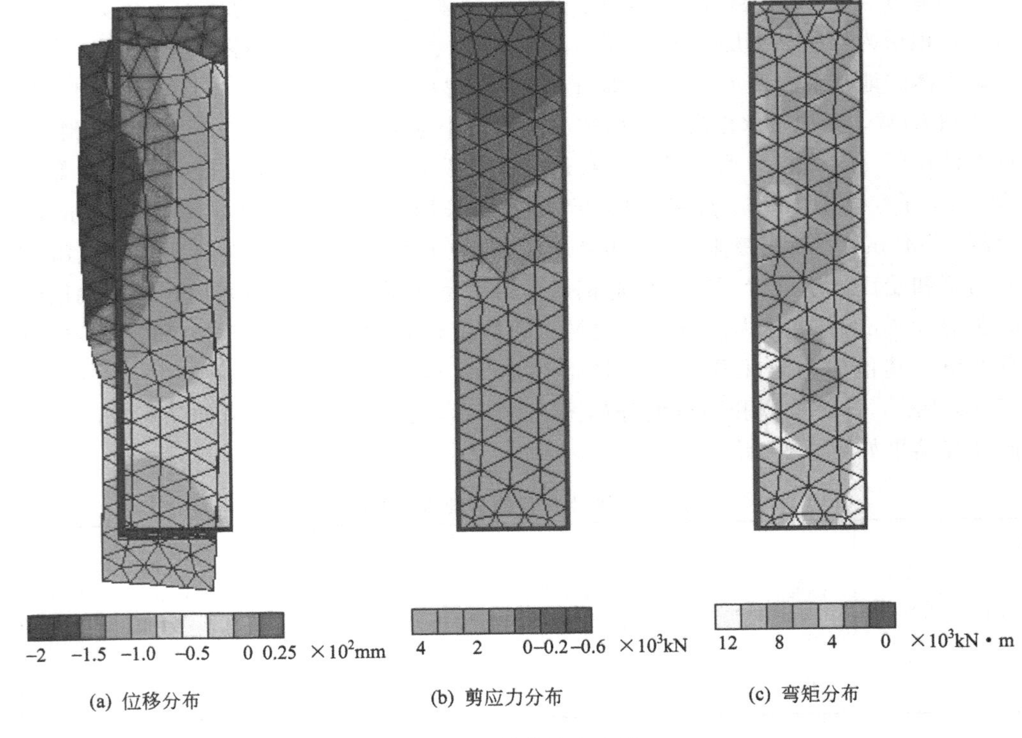

图 8-10 数值计算结果

8.5.2 数值计算结果

通过有限差分程序获得了抗滑桩的水平位移和内力计算的数值结果，其分布如下。

① 从图 8-10(a) 位移计算结果中可以看到：桩体水平位移呈负位移分布，集中在受荷段，最大值为 200mm，向锚固段逐渐减小，在距桩底 14m 位置，水平位移为零，而桩底端出现了 25mm 的正位移。同时，水平位移梯度在受荷段较锚固段更显著，因此需严格控制受荷段的水平位移。

② 从图 8-10(b) 剪力计算结果中可以看到：在桩体受荷段剪力较小，呈负剪力分布，受荷段剪力最大值为 600kN；同时，桩体最大剪力分布在锚固段中下部，呈正剪力分布，最大值为 4000kN，而在桩底端剪力却较小。

③ 从图 8-10(c) 弯矩计算结果中可以看到：弯矩主要呈现正弯矩，最大弯矩在锚固段的中下部，最大值为 12000kN · m，而桩顶和桩底端弯矩均较小。

从图 8-11 中得到，从初等梁和深梁计算方法得到的位移和内力计算结果可以看到：两种方法得到的桩体位移、剪力和弯矩变化率较相似，尤其是锚固段的剪力分布和受荷段的弯矩分布特征相关性好，仅受荷段的负剪力分布差异性大，同时用初等浅梁计算方法得到的位移、剪力和弯矩较深梁计算结果偏大，主要是未考虑桩侧摩阻力和拉杆拱对变形的消极因素，在工程实际中是偏保守的。

① 从图 8-11(a) 可以看到：初等梁方法得到的桩体位移与深度具有线性特征，在桩顶端位移最大，在桩底端位移最小，在桩长 13m 处存在转动中心；而深梁方法得到的桩体位移与深度呈非线性关系，其变化率在滑动面位置较大，分别沿桩体顶端和底端逐渐减小，未出现正位移，且无转动中心，同时在受荷段范围该方法得到的位移较初等梁方法偏小，最大相对误差为 23%，而在锚固段计算结果则相反，其位移较初等梁方法偏大。

② 从图 8-11(b) 可以看到：在受荷段，初等梁方法得到的剪力与深度具有线性特征，为负的剪力分布，在锚固段呈非线性单驼峰分布，在桩长 10.4m 处剪力为零，在桩长 9m 和 13m 处，分别出现最大的负剪力和最大的正剪力；而深梁方法得到的锚固段剪力与初等梁方法获得的锚固段剪力分布较相似，且最大相对误差为 15%，而受荷段的剪力分布两种方法所得结果差异性很大，但是最大负剪力、最大正剪力及剪力零点的位置相近，同时，两种方法显示在桩顶端和桩底端区域剪力均为最小。

③ 从图 8-11(c) 可以看到：两种方法得到的弯矩结果均呈单驼峰的非线性分布，无负弯矩发生，且分布特征较相似，最大相对误差为 21%，主要出现在桩体中下部范围，而在受荷段范围相对误差非常小，在桩长 10.7m 处，出现最大弯矩，再分别沿桩顶端和桩底端逐渐减小，同时在桩顶端和桩底端弯矩为零。

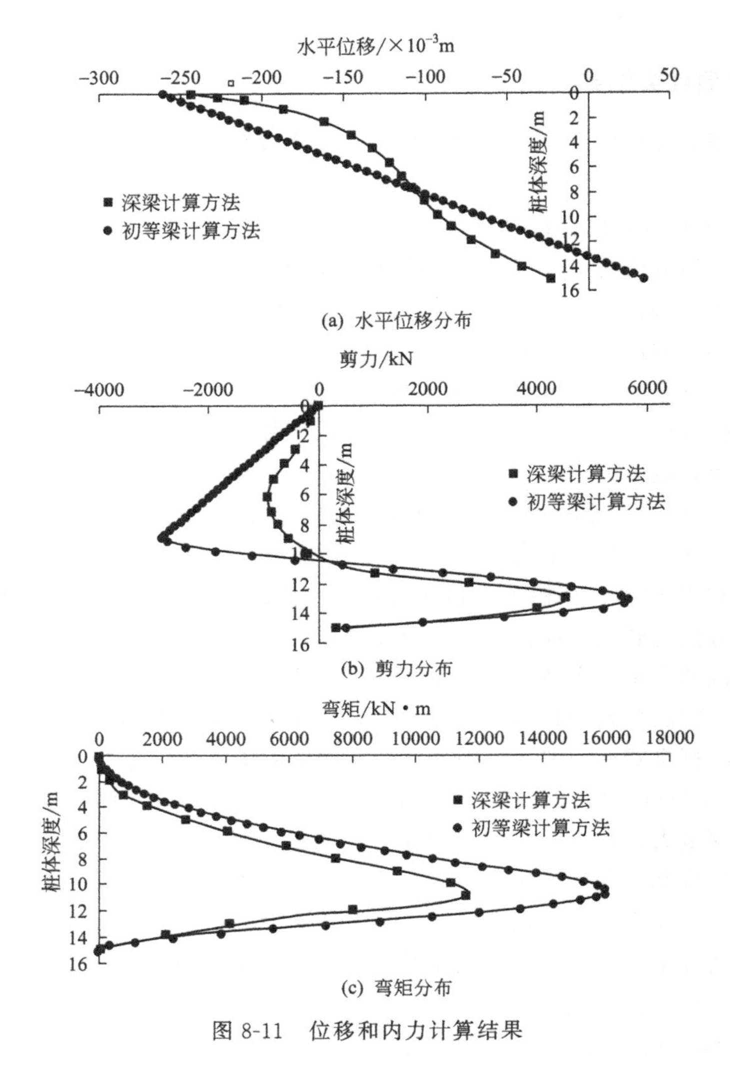

图 8-11 位移和内力计算结果

综上所述，从图 8-10 和图 8-11 的计算结果比较可以得到：用初等梁计算方法得到的位移、剪力和弯矩值均较大，其次是用深梁计算方法得到的计算结果，数值计算方法得到的结果为最小。主要原因是数值计算是在有限范围内边界有约束条件下进行的三维解答，而浅梁计算中边界条件最为薄弱，还未考虑摩擦力对桩体位移和内力结果的积极影响，因此得到的计算结果偏大，同时深梁计算方法在几何尺寸、荷载条件和边界条件等方面与实际更吻合，且得到的计算结果也介于之中，充分核验了该方法的合理性和有效性，是抗滑桩内力计算方法的有益补充。

附　录

与本专著相关的已发表的论文和已出版的著作

[1] Wang Jun，Liu Jie，Quyang Xiangsen. Analysis of the fracture characteristics and the stress intensity factor of the symmetric coalescence crack in rock [J]. Geotechnical and geological engineering，2019，37 (4)：2535-2544.

[2] 王军，曾宪桃，刘杰．风振响应风电机组基础-土体结构蠕变稳定分析 [J]. 自然灾害学报，2019，28 (3)：141-149.

[3] 王军，刘杰，梁桥．地震影响受锚土质边坡的稳定性分析 [J]. 自然灾害学报，2019，28 (1)，149-155.

[4] Wang Jun，Liu Jie，Liang Qiao. Dynamic response to earthquake at the shallow slope supported by bolts [J]. Geotechnical and geological engineering，2018，36 (4)：1991-2001.

[5] 王军，曹平，欧阳祥森．考虑锚固层土体内摩擦特性的单锚锚固效果分析 [J]. 山地学报，2018，36 (2)：298-304.

[6] Wang Jun，Liu Jie，Cao Ping. Coupled creep characteristics of anchor structures and soils under chemical corrosion [J]. Indian Geotechnical Journal，2017，47 (4)：521-528.

[7] 王军，曹平，刘杰．土体蠕变与桩锚耦合作用的土拱效应分析 [J]. 自然灾害学报，2017，26 (2)：74-80.

[8] 王军，曹平，梁桥．重载作用受锚边坡动力稳定性分析 [J]. 公路交通科技，2016 (9)：20-24.

[9] 王军．水化学腐蚀下锚杆的承载特性 [J]. 煤炭技术，2016 (4)：44-46.

[10] 王军，曹平，赵延林．渗透固结作用下粘土坝基的时效变形和安全加固[J]. 中国安全科学学报，2013，23 (6)：116-121.

[11] 王军，曹平．遗传算法与故障树法在受锚土质边坡工程量清单计价中的应用 [J]. 水力发电，2013，39（10）：76-79.
[12] 王军，曹平，唐亮．考虑流变固结效应和强度折减法的土质边坡安全系数 [J]. 中南大学学报，2012，43（10）：4010-4016.
[13] 王军，曹平，曾国柱，等．基于流变效应锚杆柔性支护在基坑中的应用[J]. 解放军理工大学学报（自然科学版），2009，10（5）：467-471.
[14] 王军，曹平，赵延林，林杭．岩石非线性粘滞系数的蠕变数值试验分析[J]. 矿冶工程，2009，29（5）：16-19.
[15] 王军，曹平．基于 SEF 特性土坡稳定性分析 [J]. 工程勘察，2009，37（3）：1-4.
[16] 王军，曹平，林杭．蠕变损伤耦合效应锚土界面位移特征和损伤传递分析，中国矿业大学学报，2018，47（2）：289-295.
[17] 王军，罗章．蠕变渗流水化学作用的边坡稳定性分析 [M]. 武汉：武汉理工大学出版社，2017.

参 考 文 献

[1] 蒋明镜．现代土力学研究的新视野——宏微观土力学 [J]. 岩土工程学报，2019 (2)：195-2549.

[2] 王军，曹平，唐亮．考虑流变固结效应和强度折减法的土质边坡安全系数 [J]. 中南大学学报，2012，43 (10)：4010-4016.

[3] 王军，曹平，林杭．蠕变损伤耦合效应锚土界面位移特征和损伤传递分析 [J]. 中国矿业大学学报，2018，47 (2)：289-295.

[4] 康亚明，刘长武，贾延，等．岩石的统计损伤本构模型及临界损伤度研究 [J]. 四川大学学报（工程科学版），2009，41 (4)：42-47.

[5] 袁小清，刘红岩，刘京平．非贯通裂隙岩体三维复合损伤本构模型 [J]. 岩土工程学报，2016，38 (1)：91-99.

[6] 张慧梅，雷丽娜，杨更社，等．围岩条件下岩石本构模型及损伤特性 [J]. 中国矿业大学学报，2015，44 (1)：59-63.

[7] 曹文贵，张升．基于 Mohr-Coulomb 准则的岩石损伤统计分析方法研究 [J]. 湖南大学学报（自然科学版），2005，32 (1)：43-47.

[8] 杨圣齐，徐卫亚，韦立德，等．单轴压缩下岩石损伤统计本构模型与试验研究 [J]. 河海大学学报（自然科学版），2004，32 (2)：200-203.

[9] 何思明，王成华，吴文华．基于损伤理论的预应力锚索荷载-变形特性分析 [J]. 岩石力学与工程学报，2004，23 (5)：786-792.

[10] 邹金锋，李亮，杨小礼，等．基于损伤理论的全长式锚杆荷载传递机理研究 [J]. 铁道学报，2007，29 (6)：84-88.

[11] 袁小平，刘红岩，王志乔．基于 Drucker-Prager 准则的岩石弹塑性损伤本构模型研究 [J]. 岩土力学，2012，33 (4)：1103-1108.

[12] 赵同彬，张玉宝，谭云亮，等．考虑损伤效应深部锚固巷道蠕变破坏模拟分析 [J]. 采矿与安全工程学报，2014，31 (5)：709-715.

[13] 徐宏发，卢红标，钱七虎．土层灌浆锚杆的蠕变损伤特性研究 [J]. 岩土工程学报，2002，24 (1)：61-63.

[14] 王清标，张聪，王辉，等．预应力锚索锚固力损失与岩土体蠕变耦合效应研究 [J]. 岩土力学，2014，35 (8)：2150-2156.

[15] 王军，曹平，赵延林．渗透固结作用下黏土坝基的时效变形和安全加固 [J]. 中国安全科学学报，2013，23 (6)：116-121.

[16] 王军，曹平，欧阳祥森．考虑锚固层土体内摩擦特性的单锚锚固效果分析 [J]. 山地学报，2018，36 (2)：298-304.

[17] Evangelista A，Sapio G. Behaviour of ground anchors in stiff clays[A]. Proceedings of the 9th Internationla Conference on Soil Mechanics and Foundation Engineering[C]. Tokyo：The Japanese Society of Soil Mechanics and Foundation Engineering，1977，39-37.

[18] Kahyaoglu M R，Onal O，Imanchn C. Soil arching and load transfer mechanism for slope stabilitied with piles [J]. Journal of Civil Engineering and Management，2012，18 (5)：701-708.

[19] Farmer I W，Holmberg A. Stress distribution along a resin grouted rock anchor [J]. International Journal of Rock Mechanics and Mining Sciences and Geomechanics Abstracts，1975，12：347-351.

[20] 尤春安，战玉宝，刘秋媛，等．预应力锚索锚固段的剪滞-脱黏模型 [J]. 岩石力学与工程学报，2013，

32 (4): 800-806.

[21] 张季如，唐保付. 锚杆荷载传递机理分析的双曲线模型 [J]. 岩土工程学报，2002，24 (2): 188-192.

[22] 何思明，李新坡，王成华. 高切坡超前支护锚杆作用机制研究 [J]. 岩土力学，2007，28 (5): 1050-1054.

[23] 叶观宝，何志宇，高彦斌，等. 压力分散型锚索锚固段荷载分布特征的现场试验研究 [J]. 岩土力学，2011，32 (12): 3561-3565.

[24] 程良奎，张培文，王帆. 岩土锚固工程的若干力学概念问题 [J]. 岩石力学与工程学报，2015，34 (4): 668-682.

[25] 刘晓明，张亮亮. 考虑自由段受荷的锚杆变形和承载特性研究 [J]. 湖南大学学报 (自然科学版)，2012，39 (6): 7-12.

[26] Windsor C. R. Rock Reinforcement Systems [J]. Int. J. Rock Mech. Min, Sci. 1997, 34 (6): 919-951.

[27] Phoon K K, Ching J. Risk and reliability in geotechnical engineering [M]. London and New York: Taylor & Francis. 2015: 100-455.

[28] 张耀华，王铁成，杨建江. 考虑抗力随时间衰减的既有结构可靠度分析 [J]. 山东农业大学学报 (自然科学版)，2006 (3): 429-435.

[29] Duzgun H S B, Yacemen M S, Korpuz C A. A methodology for reliability-based design of rock slopes [J]. Rock Mechanics and Rock Engineering, 2003, 36 (2): 95-120.

[30] Whitman R V. Evaluating calculated risk in geotechnical engineering [J]. Journal of Geotechnical Engineering, 2014, 110 (2): 143-188.

[31] Barone G, Frangopol D M. Reliability, Risk and Lifetime Distributions as Performance Indicators for Life-cycle Maintenance of Deteriorating Structures [J]. Reliability Engineering & System Safety, 2014, 123: 21-37.

[32] Wang Y. Uncertain parameter sensitivity in Monte Carlo Simulation by sample reassembling [J]. Computers and Geotechnics, 2012, 46: 39-47.

[33] 王军，曹平，刘杰. 土体蠕变与桩锚耦合作用的土拱效应分析 [J]. 自然灾害学报，2017，26 (2): 74-80.

[34] Wang Jun, Liu Jie, Ouyang Xiangsen. Analysis of the fracture characteristics and the stress intensity factor of the symmetric coalescence crack in rock [J]. Geotechnical and geological engineering, 2019, 37 (4): 2535-2544.

[35] 杨学强，吉小明，张新涛. 抗滑桩桩间土拱效应及其土拱模式分析 [J]. 中国公路学报，2014，27 (1): 30-37.

[36] 戴自航，沈蒲生. 抗滑桩内力计算悬臂桩法的改进 [J]. 湖南大学学报 (自然科学版)，2003，30 (3): 81-85.

[37] 尹静，邓荣贵，王金海，等. 锚索抗滑桩内力计算的传递矩阵法 [J]. 岩土力学，2017，3 (12): 3517-3531.

[38] Kourkoulis R, Gelagoti F, Anastasopoulos I, et al. Slope stabilizing piles and pile group: parametric study and design insights [J]. Journal of geotechnical and Geoenvironmental engineering, 2011, 137 (7): 663-677.

[39] Matsi T, San K. Finite element slope stability by shear strength reduction technique [J]. Soils and Foundations, 1992, 32 (1): 59-90.

[40] Won J, You K, Jeong S, et al. Coupled effects in stability analysis of pile-slope system [J]. Computers

and Geotechnics，2005，4 (32)：304-315.

[41] 王永岩，吕宜美，肖志娟，等．化学腐蚀下砂岩蠕变模型的研究 [J]. 煤炭学报，2010，35 (7)：1095-1098.

[42] Wang Jun，Cao Ping. Coupled creep characteristics of anchor structures and soils under chemical corrosion [J]. Indian Geotechnical Journal，2017，47 (4)：521-528.

[43] 崔强，冯夏庭，薛强，等．化学腐蚀下砂岩孔隙结构变化的机制研究 [J]. 岩石力学与工程学报，2008，27 (62)：1209-1216.

[44] 陈四利，冯夏庭，李邵军．化学腐蚀下三峡花岗岩的破裂特征 [J]. 岩土力学，2003，24 (5)：817-821.

[45] 汤连生，张鹏程，王思敬．水岩化学作用的岩石力学宏观力学效应的试验研究 [J]. 岩石力学与工程学报，2002，21 (4)：526-531.

[46] 汤连生，张鹏程，王思敬，等．水-岩土化学作用与地质灾害防治 [J]. 中国地质灾害与防治学报，1999，10 (3)：61-69.

[47] 朱晗迓，尚岳全，陆锡铭，等．锚索预应力长期损失与坡体蠕变耦合分析 [J]. 岩土工程学报，2005，27 (4)：464-467.

[48] 丁多文，白世伟，罗国煜．预应力锚索加固岩体的应力损失分析 [J]. 工程地质学报，1995，3 (1)：65-69.

[49] 陈安敏，顾金才，沈俊，等．软岩加固中锚索张拉吨位随时间变化规律的模型试验研究 [J]. 岩石力学与工程学报，2002，21 (2)：251-256.

[50] 高大水，曾勇．三峡永久船闸高边坡锚索预应力状态监测分析 [J]. 岩石力学与工程学报，2001，20 (5)：653-656.

[51] 王军．水化学腐蚀下锚杆的承载特性 [J]. 煤炭技术，2016 (4)：44-46.

[52] 王军，曹平，梁桥．重载作用受锚边坡动力稳定性分析 [J]. 公路交通科技，2016 (9)：20-24.

[53] 王军，曾宪桃，刘杰．风振响应风电机组基础-土体结构蠕变稳定分析 [J]. 自然灾害学报，2019，28 (3)：141-149.

[54] Wang Jun，Liu Jie，Liang Qiao. Dynamic response to earthquake at the shallow slope supported by bolts [J]. Geotechnical and geological engineering，2018，36 (4)：1991-2001.

[55] 王军，刘杰，梁桥．地震影响受锚土质边坡的稳定性分析 [J]. 自然灾害学报，2019，28 (1)：149-155.

[56] Stamatopoulos C A，Bassanou M，Brennan A J，et al. Mitigation of the seismic motion near the edge of cliff-type topographies [J]. Soil Dynamics and Earthquake Engineering，2007，27 (3) ：1082-1100.

[57] Kima J，Jeong S，Park S，et al. Influence of rainfall-induced wetting on the stability of slopes in weathered soils [J]. Engineering Geology，2004，75 (3/4)：251-262.

[58] ZHU Yan-peng，YE Shuai-hua. Simplified analysis of slope supported with frame-anchors under lateral seismic loading [J]. Engineering Mechanics，2011，28 (12)：27-32.

[59] Ivanovic A，Starkey A，Neilson R D，et al. The influence of load on the frequency response of rock bolt anchorage [J]. Advance in Engineering Software，2003，34 (11)：697-705.

[60] Hong Y S，Chen R H，Wu C S，et al. Shaking table tests and stability analysis of steep nailed slope [J]. Canadian Geotechnical Jouranl，2005，42 (5)：1264-1279.

[61] George D Bouckovalas，Achilleas G Papadimitriou. Numerical evaluation of slope topography eff-ects on seismic ground motion [J]. Soil Dynamic and Earthquake Engineering，2005，25：547-558.

[62] LIN M L, WANG K L. Seismic slope behavior in a large-scale shaking table model test [J]. Engineering Geology, 2006, 86 (2/3): 118-133.

[63] 陈敏建，马静，李锦秀，等．水害损失与水利综合效应分析核算 [J]. 水利学报，2017，48 (4): 417-425.

[64] 李文平，乔伟，李小琴，等．深部矿井水害特征、评价方法与治水勘探方向 [J]. 煤炭学报，2019，44 (8): 2437-2448.

[65] 王刚，刘传正，吴学震．端锚式锚杆-围岩耦合流变模型研究 [J]. 岩土工程学报，2014，36 (2): 363-375.

[66] 陈镕，薛松涛，王远功，等．土-结构相互作用对结构风振响应的影响 [J]. 岩石力学与工程学报，2003，22 (2): 309-315.

[67] 李永贵，李秋胜．基本振型对高层建筑等效静力风荷载的影响分析 [J]. 地震工程与工程振动，2016，36 (6): 38-44.

[68] 闻邦椿，等．机械振动学 [M]. 北京：冶金工业出版社，2011.

[69] 肖诗云，王晓庆．洪水演进模型及冲击荷载数值分析 [J]. 工程力学，2010，27 (9): 35-40.

[70] Kahyaoglu M R, Onal O, Imanch C. Soil arching and load transfer mechanism for slope stabilitized with piles [J]. Journal of Civil Engineering and Management, 2012, 18 (5): 701-708.

[71] 王芝银，李云鹏．岩体流变理论及其数值模拟 [M]. 北京：科学出版社，2008.

[72] 何思明，李新坡．预应力锚杆作用机制研究 [J]. 岩石力学与工程学报，2006，25 (9): 1876-1880.

[73] 何思明，王成华，吴文华．基于损伤理论的预应力锚索荷载-变形特性分析 [J]. 岩石力学与工程学报，2004，23 (5): 786-792.

[74] 赵锡宏，等．损伤土力学 [M]. 上海：同济大学出版社，2000.

[75] Li L, Wang Y, Cao Z. Probabilistic slope stability analysis by risk aggregation [J]. Engineering Geology, 2014, 176: 57-65.

[76] 黄书岭，冯夏庭，黄小华，等．岩土流变数值中一些问题的探讨 [J]. 岩土力学，2008，29 (4): 1107-1113.

[77] 任非凡，徐超，谌文武．多界面复合锚杆荷载传递机制的数值模拟 [J]. 同济大学学报（自然科学版），2011，39 (12): 1753-1759.

[78] Jun Wang, Qiao Liang, Jian Duan. The creep model of the anchorage structure and the time-dependent reliability analysis [J]. Frontiers in Earth Science, 2020, 8 (44): 1-8.

[79] 陈祖煜．土质边坡稳定性分析——原理·方法·程序 [M]. 北京：中国水利水电出版社，2003.

[80] 王军，曹平，曾国柱，等．基于流变效应锚杆柔性支护在基坑中的应用 [J]. 解放军理工大学学报（自然科学版），2009，10 (5): 467-471.

[81] 谢璨，李树忱，李术才，等．渗透作用下土体蠕变与锚索锚固力损失特性研究 [J]. 岩土力学，2017，38 (8): 2313-2321.

[82] 姬栋宇．腐蚀土水环境中土锚结构蠕变特性的研究 [J]. 工业建筑，2019，49 (8): 137-141.

[83] 南京工学院数学教研组．积分变换 [M]. 北京：高等教育出版社，1989.

[84] 王军．多重作用的边坡稳定性及分析方法的研究 [D]. 长沙：中南大学，2009: 14-18.

[85] 王军．蠕变渗流水化学作用的边坡稳定性分析 [M]. 武汉：武汉理工大学出版社，2017.

[86] 殷德顺，任俊娟，和成亮，等．一种新的岩土流变模型元件 [J]. 岩石力学与工程学报，2007，26 (9): 1899-1903.

[87] 范广勤．岩土工程流变力学［M］．北京：煤炭工业出版社，1993.

[88] 孙钧．岩土材料流变及工程应用［M］．北京：中国建筑工业出版社，1999.

[89] 黄书岭，冯夏庭，黄小华，等．岩土流变数值中一些问题的探讨［J］．岩土力学，2008，29（4）：1107-1113.

[90] 郭胜红．建筑结构荷载效应计算中最小二乘法应用探讨［J］．中国建材科技，2015，24（5）：171-172.

[91] ZHENG Rui. Parameter estimation of three-parameter Weibull distribution and its application in reliability analysis［J］. Journal of Vibration and Shock，2015，34（5）：78-81.

[92] 茆诗松，等．概率论与数理统计［M］．北京：高等教育出版社，2010.

[93] Cai Y，Esaki T，Jiang Y J. An analytical model to predict axial load in grouted rock bolt for soft rock tunnelling［J］. Tunnelling and Underground Space Technology，2004，19（6）：607-618.

[94] 高红，郑颖人，郑璐石．岩土材料弹性力学模型与计算方法［J］．岩石力学与工程学报，2008，27（9）：1845-1851.

[95] 何思明，王成华，吴文华．基于损伤理论的预应力锚索荷载-变形特性分析［J］．岩石力学与工程学报，2004（5）：786-792.

[96] 曾江波，肖林超．基于分层填筑锚固边坡稳定性评价与锚杆长度对比研究［J］．工程勘察，2019，47（1）：13-17.

[97] 唐晓松，郑颖人，王永甫．双强度折减法在加筋土边坡稳定分析应用的研究［J］．公路交通技术，2018，34（3）：14-17.

[98] 杨学强，吉小明，张新涛．抗滑桩桩间土拱效应及其土拱模式分析［J］．中国公路学报，2014，27（1）：30-37.

[99] 赵明华，廖彬彬，刘思思．基于拱效应的边坡抗滑桩桩间距计算［J］．岩土力学，2010，31（43）：1211-1216.

[100] 李邵军，陈静，练操．边坡桩-土相互作用的土拱力学模型与桩间距问题［J］．岩土力学，2010，31（5）：1352-1358.

[101] 王礼立．应力波基础［M］．北京：国防工业出版社，2010.

[102] 朱彦鹏，叶帅华．水平地震作用下框架锚杆支护边坡简化分析方法［J］．工程力学，2011，28（12）：27-32.

[103] 周剑．SH 波作用下岩质边坡响应规律的解析探讨［J］．工程地质学报，2011，19（4）：570-576.

[104] 叶海林，黄润秋，郑颖人，等．岩质边坡锚杆支护参数地震敏感性分析［J］．岩土工程学报，2010，32（9）：1374-1379.

[105] Carcionc J M，Constitutive model and wave equations for linear，viscoelastic，anisotropic media［J］. Geophysics，1995，60：537-548.

[106] 王军，曹平．基于 SEF 特性土坡稳定性分析［J］．工程勘察，2009，37（3）：1-4.

[107] 王军，曹平，赵延林，等．水土化学作用对土体抗剪强度的影响［J］．中南大学学报（自然科学版），2010，41（1）：245-250.

[108] 姬栋宇．腐蚀土水环境中土锚结构蠕变特性的研究［J］．工业建筑，2019，49（08）：137-141.

[109] 何思明，雷孝章．全长粘结式灌浆锚杆锈胀机制研究［J］．四川大学学报（工程科学版），2007，39（6）：30-35.

[110] 李海涛，Andrew J Deeks，苏小卒，等．保护层厚度对受拉与受压黏结强度的影响［J］．华中科技大学学报（自然科学版），2012，40（5）：80-83.

[111] 付平平．锚杆材料腐蚀前后的力学性能变化 [J]. 腐蚀与防护，2013，34 (4)：359-361.

[112] Alonso C, Andrade C, Rodriguez J, et al. Factors controlling cracking of concrete affected by reinforcement corrosion [J]. Materials and Structures, 1198, 31 (7): 435-441.

[113] Kranc S C, Sagues A A. Computation of corrosion distribution of reinforcing steel in cracked concreye [C]// Federal Highway Administration Proceedings of the International Conference on Corrosion and Rehabilitation of Reinforced Concrete Structures. Orlando: IRRO, 1998: 329.

[114] 陈安敏，顾金才，沈俊，等．软岩加固中锚索张拉吨位随时间变化规律的模型试验研究 [J]. 岩石力学与工程学报，2002，21 (2)：251-256.

[115] 郑涛，朱哲明，金文城，等．压缩荷载下 3 条对称的共线裂纹应力强度因子的解析解 [J]. 四川大学学报（工程科学版），2013，45 (S1)：58-62.

[116] Wang Y H, Tham L G, Lee P K K, et al. A boundary collocation method for cracked plates [J]. Comput Structures, 2003, 81: 2621-2630.

[117] Zhao Yanlin, Cao Ping, Wang Weijun, et al. Wing crack model subjected to high hydraulic pressure and far field stresses and numerical simulation [J]. Journal of Central South University, 2012, 19 (2): 578-585.

[118] Zhao Yanlin, Zhang Lianyang, Wang Weijun, et al. Cracking and Stress-Strain Behavior of Rock-Like Material Containing Two Flaws Under Uniaxial Compression [J]. Rock Mech Rock Eng, 2016, 49: 2665-2687.

[119] Dobroskok A, Ghassemi A, LINKOV A. Extended structural criterion for numerical simulation of crack propagation and coalescence under compressive loads [J]. International Journal of Fracture, 2005, 133: 223-246.

[120] XIE You-sheng, CAO Ping, LIU Jie, et al. Influence of crack surface friction on crack initiation and propagation: A numerical investigation based on extended finite element method [J]. Computers and Geotechnics, 2016, 74: 1-14.

[121] Sih G C. Handbook of stress-intensity factors [M]. Institute of fracture and solid mechanics, Lehigh University, 1973.

[122] 王军，曹平，赵延林，等．岩石非线性黏滞系数的蠕变数值试验分析 [J]. 矿冶工程，2009，29 (5)：16-19.

[123] GB 50010—2010（2015 年版）混凝土结构设计规范 [S].

[124] 雷国平，唐辉明，李长冬，等．抗滑桩嵌固段设计修正方法研究 [J]. 岩石力学与工程学报，2013，32 (3)：605-614.

[125] 李静，蒋秀根，王宏志，等．解析型弹性地基 Timoshenko 梁单元 [J]. 工程力学，2018，35 (2)：221-229.

[126] 夏桂云，曾庆元．深梁理论的研究现状与工程应用 [J]. 力学与实践，2015，37 (3)：302-316.

[127] 傅其信，张旋明．钢筋混凝土悬臂深梁的抗剪研究 [J]. 华南理工大学学报（自然科学版），1992 (1)：9-15.

[128] 夏桂云，曾庆元．基于 Winkler 地基 Timoshenko 梁理论的十字交叉条形基础节点荷载分配分析[J]. 工程力学，2016，33 (2)：88-95.

[129] 李邵军，陈静，练操，等．单孔复合型锚索单元锚固段受力测试新方法及实践 [J]. 岩土力学，2006 (10)：1709-1713.

[130] WANG L P, ZHANG G. Centrifuge model test study on pile reinforcement behavior of cohesive soil slopes under earthquake conditions [J]. Landslides, 2014, 11 (2): 213-223.

[131] Xu Rongqiao, Wu Yufei. Static, dynamic, and buckling analysis of partial interaction composite members using Timoshenko's beam theory [J]. International Journal of Mechanical Sciences, 2007, 49 (10): 1139-1155.

[132] 夏桂云，李传习，曾庆元 . Winkler 地基上 Timoshenko 深梁的有限元分析 [J]. 中南大学学报（自然科学版），2010，41 (4)：1549-1555.